首爾 甜主廚ロッ
浪漫巧克力課程

I Love Chocolate and Café♥

"Life is like a box of chocolates.
You never know what you are going to get."
人生有如一盒巧克力，你永遠都不知道會嘗到什麼口味。

這是出自電影《阿甘正傳》（Forest Gump）的台詞。6年前，我初次到首爾學習做巧克力的時候，完全不知道巧克力將會對我的人生造成多大的影響一樣。小時候我就很喜歡做些小東西，所以上大學的時候也就順理成章選了工藝當主修；然而，在一個偶然的機緣下，我開始接觸到巧克力，當時我做夢也沒想到，一次的偶然，居然成就了我人生中最寶貴的一環。

2009年，當我開始經營巧克力咖啡館的時候曾經很沒自信地想，「我真的做得好嗎？」如今，每當我看著大家因為一小塊巧克力而露出幸福的模樣時，心裏總是會覺得自己果然做了一個正確的選擇。

雖然在我的人生當中，巧克力只是小小的一塊，可是它卻實實在在地帶給我幸福。希望大家也能夠利用我在書中提供的食譜，為自己的摯愛打造一份甜蜜、快樂的禮物。

這本書帶給我親愛的丈夫和我以及家人很大的力量；另外，也要特別在此向這一年多的時間共事的工作人員、炳憲哥、芝荷姐以及寶羅小姐表達謝意。

2011年2月

Amy Choco 曹美蔓

Contents

PART 1

The Story of Chocolate
戀戀巧克力 酸甜苦澀夾雜的世界

PART 2

How to Make Chocolate
自製巧克力的基礎教學

PART 3

Chocolate Recipes

毋須羨慕巧克力大師的自製巧克力食譜

PART 4

Chocolate Café Guide
一窺我專屬的甜蜜奢侈─巧克力咖啡館

創業資訊

The Story of Chocolate

戀戀巧克力
酸甜苦澀夾雜的世界

大約在 2,600 年前，巧克力就成了受到全世界喜愛的
消費品，但是我們對巧克力的了解有多少呢？
為什麼賣場裏販售的巧克力和手工巧克力之間存在著
價格差異呢？
究竟硬邦邦的可可豆經過了什麼過程之後，搖身一變
成為入口即化的滑順口感呢？讓我們跨進巧克力的絢
爛世界吧！

甜蜜的錯誤
你所不知道的巧克力真相

　　花花綠綠的包裝紙裹著四角形的深褐色小方塊，一放進嘴巴裏，剎那間那個小方塊就像冰淇淋般溫馴地融化。品巧克力是一種可以同時滿足人的視覺、聽覺、嗅覺、味覺與觸覺的愉悅體驗；巧克力，有時能夠將我們心裏的陰霾一掃而空，有時能夠穩定緊繃的情緒。究竟有什麼方法能夠幫助我們懂得品嘗巧克力的弦外之音呢？答案就是更深入、更進一步去了解巧克力。

　　大家最常對巧克力產生的誤會之一就是認為只要冠上「巧克力」的所有製品都是一模一樣的巧克力。無論是學校附近文具店裡價值500韓圜的巧克力條，或是手工巧克力店裡一顆價值2,000韓圜的巧克力，或是童年吃過最棒的零食——巧克力派等，都是「一模一樣」的巧克力製品。如果是這樣的話，為什麼在這之中會出現價格的差異呢？

　　謎底揭曉：我們平常開心吃下肚的巧克力並不是「真的巧克

力」。

　來來來，現在就讓我們仔細地看看包裝紙吧！上面可是寫著「半巧克力」、「巧克力類」或「巧克力加工品」啊，的確，相較於包裝正面斗大的「巧克力」字樣，如果不睜大眼睛看的話，根本很難發現寫在包裝背面的小字「半巧克力」、「巧克力類」或「巧克力加工品」。

　那麼，什麼才是「真的巧克力」呢？雖然每個國家所訂的標準會有一些不同，但如果是通過美國食品藥物管理局（FDA）認證，能夠以巧克力做為名稱的商品，一定要符合商品中只含有可可脂的規定。

　所謂的「可可脂」，即是將炒過的可可豆製成漿（糊狀）之後，以高壓壓製時所產生的象牙白色油脂。它的熔點是攝氏32～35度之間，正好略低於人體溫度，所以當我們將巧克力擺進嘴裏的時候，便能緩緩化開來。

　可可脂是一種高級油脂，不僅風味獨到，而且對身體有益，只不過它的價位也相對高了些，因此，廉價的巧克力製品、半巧克力或巧克力加工品便會選擇添加較低廉的棕櫚油、葵花油、大豆油之類的植物性油脂。

巧克力辭典

辨識巧克力的方法

我所吃的巧克力究竟是真的巧克力呢？還是是半巧克力呢？其實是有方法可以輕鬆辨識的，當我們將巧克力擺進嘴裏的時候，如果能夠感受到巧克力緩緩融化開來，那就是含有可可脂的真巧克力；相反地，當我們將巧克力擺進嘴裏的時候，巧克力不太容易化開來，甚至還有點黏牙，那就是添加了植物性油脂的低級巧克力或半巧克力了。

基於這樣的理由，在美國，商品若是使用植物性油脂代替可可脂，就不能以「巧克力」做為商品名稱進行販賣。

　　在歐盟，只要是使用可可脂以外的植物性油脂比例超過5%的話，同樣不能以「巧克力」為名。

　　但是在韓國，只要產品含有超過20%以上的固態可可（可可膏、可可脂、可可粉），就可以被歸為巧克力類，甚至根本沒有不使用任何植物性油脂這個分類。在國外，對巧克力所含的可可脂含量都訂有明確的標準，同時還會限制植物性油脂的用量，相較之下，韓國在這方面倒是沒有任何的規範。

　　在這樣的差異之下，無論是拿外國進口的巧克力與韓國的巧克力做比較，或是拿巧克力製作師親手製作的巧克力與超級市場裏販售的巧克力做比較，都會發現前者不但價位高出許多，我們也能從巧克力在口中化開的感覺體會箇中差異。

Kisses Dark巧克力是巧克力，
而金莎巧克力則是巧克力加工品。

韓國食藥廳
的分類規定

每個國家對巧克力都有不同的分類標準,而根據韓國食品醫藥品安全廳的規定,可可加工品類(以下皆稱可可)、巧克力類即是從可可樹(Theobroma Cacao)的果實當中提煉出可可膏、可可脂、可可粉等為基礎的食品,或是加入食品添加物等製作而成的巧克力、甜巧克力、牛奶巧克力、家庭牛奶巧克力、白巧克力、半巧克力以及巧克力加工品,皆屬此類。

可可加工品類

可可膏　將可可果實炒過之後,剝去外殼再進行磨碎動作的產物。

可可脂　剝去可可果實後,壓製出的脂肪。

可可粉　將可可果實炒過之後,剝去外殼再將除去脂肪後的塊狀物磨成粉末。

其他可可加工品類　以可可果實做為原料,混合進食品或食品添加物等,以及除了可可
　　　　　　　　　膏、可可脂、可可粉之外使用其他方法加工而得的產物。

巧克力類

巧克力 固態可可含量超過35%以上（可可脂超過18%以上、無脂固態可可超過14%以上）

甜巧克力 固態可可含量超過30%以上（可可脂超過18%以上、無脂固態可可超過12%以上）

牛奶巧克力 固態可可含量超過25%以上（無脂固態可可超過2.5%以上），乳固體超過12%以上（乳脂肪超過2.5%以上）

家庭牛奶巧克力 固態可可含量超過20%以上（無脂固態可可超過2.5%以上），乳固體超過20%以上（乳脂肪超過5%以上）

白巧克力 固態可可含量超過20%以上，乳固體超過14%以上（乳脂肪超過2.5%以上）

半巧克力類

固態可可含量超過7%以上

巧克力加工品

堅果類、糖果類、餅乾類等食品皆是透過混合、包覆以及填充的方法進行加工

神的食物：可可

說到巧克力，cacao和cocoa究竟有什麼地方不同是大家最常搞混的盲點，如果想要知道答案的話，首先要從弄懂cacao是經過怎麼樣的過程才變成巧克力開始。

cacao是用來製作巧克力原料的果實，即可可豆的植物名稱。可可樹的學名是Theobroma cacao，theo是「神」的意思，broma則是「食物」的意思，合在一起便成了「神的食物」。

可可樹主要產於迦納、奈及利亞、巴西、厄瓜多等年平均溫度超過攝氏25度以上，年平均降雨量超過1,300釐米的熱帶國家。結在可可樹上的可可果實長得如同橄欖球，又稱為「可可莢」。

可可莢的重量大約300～500g，被名為cabosse的堅硬外殼包覆，剖開外殼便可見到同時具備酸味和甜味的白色果肉──可可豆。

可可豆的大小與杏仁差不多，可可中含有可可鹼，使可可擁有一種獨特的苦味。

咖啡的味道取決於原料，同樣地，巧克力的味道也會因可可豆的來源而有所不同。種植4～5年的可可樹能夠在一年內開出六千多朵花，繼而結成二十多個可可果實。製作一公斤的可可膏，需要用到300～600顆可可豆。

可可豆的種類

克里歐（Criollo）

有「可可王子」之稱的可可豆，標榜具有最佳味道和香氣。最早產於委內瑞拉，後來盛產於南美洲各國，雖然生產量只占全世界可可豆市場的5%～10%左右，但是它的味道絕對是最上等的品質；淡淡的苦味和酸味加上溫柔的撲鼻香氣是其特徵，用Criollo做出來的頂級（Grand Cru）巧克力，擁有最佳品質的美譽。

佛洛斯特羅（Forastero）

這種可可豆源於迦納、象牙海岸等非洲西南部國家，後來全球各地都有生產，這個品種的產量占全球產量的80%～90%；它的外表扁平，呈深紫色，其苦位和酸味比Criollo更濃郁。

千里達立歐（Trinitario）

取Criollo和Forastero的優點交配而成。此品種源於西印度羣島的千里達。主要產地為馬達加斯加，產量占全球可可豆市場的5%～8%。濃郁中帶有一種溫和的味道，是製作高級巧克力最常使用的材料。

選擇什麼樣的可可豆，使用什麼樣的比例去調配，決定了巧克力所呈現的風味。雖然隨著巧克力製作師的不同，所選用的可可豆種類、調配比例和製作過程也會有所差異，但是最常見的調配比例為Criollo、Trinitario、Forastero三者各占5：10：85。

從可可豆到巧克力

在農場將收割好的可可豆聚集起來，再以香蕉葉覆蓋5天左右，使其發酵。接下來需等待大約10天的乾燥時間，使可可豆所含水分剩下至8%左右。雖然各家公司製作巧克力的過程存在差異性，但是一般而言大致就是依以下所述步驟：

首先，除去外殼和灰塵等，然後將殺過菌的可可豆拿來烘培，讓可可豆呈現巧克力色，接著再將這些可可豆磨成粗顆粒，即為生巧克力豆仁（nib）。如果繼續用擀麵棍將生巧克力仁做更精細的處理的話，會開始出現可可豆所富含的可可脂以及其他成分，使其產生黏性，成為漿狀的巧克力原漿。

將巧克力液（即巧克力原漿）重新分離成可可膏和可可脂，再依據巧克力的性質選擇適當的比例，製作成各式各樣的巧克力。如果說從可可膏就能夠知道巧克力的顏色、味道和香氣的話，那麼從可可脂我們就可以知道巧克力放進嘴裡融化的程度以及所呈現出來的光澤度。此外，若是把可可膏裏的脂肪成分抽離的話，將剩下乾燥的部分壓榨、磨碎後就會變成可可粉。

可可樹→可可果實→可可豆→發酵→乾燥→

清洗→去除雜質→烘焙→磨碎→生巧力豆仁→

巧克力原漿 ┌→①可可膏（45%）┐
　　　　　 └→②可可脂（55%）┘ →加入其他原料→巧克力

一般人會將cacao和cocoa混淆的原因出在以下這款可可粉的名稱。1828年，荷蘭科學家（Coenraad Johannes Van Houten）將可可豆中的脂肪成分抽出來，製成能夠有效溶於水中的粉末，最後以cocoa命名販售。

當全球各地颳起一陣cocoa旋風之後，才開始出現將可可粉加水或牛奶烹煮飲用的飲料——可可（cocoa）。在韓國，天然、無加工狀態的可可稱為cacao，經過加工後的可可稱為cocoa，其實都是混合了cacao和coocoa使用的結果。

可可含量越高的巧克力越高級？

幾年前市面上出現以可可含量56％、72％、86％為產品名稱的巧克力，生產商表示這些產品相當受消費者喜愛，上市僅僅6個月的時間，銷售額就突破100億韓圜大關。這些產品受歡迎的祕訣在於這家公司強調他家巧克力的可可含量比一般巧克力高出2～3倍，並且成功地塑造出「黑巧克力＝高級巧克力」的形象。其實，這則新聞背後隱藏了一般人相當容易忽略的驚人真相。

在韓國所販售的黑巧克力上所標示的可可含量，事實上是可可膏和可可脂相加之後的數字，如同前面所提到的，可可膏能夠增添巧克力的香氣和味道，可可脂則能增進巧克力的滑順口感和呈現出來的光澤，因此，可可膏的含量越高巧克力的味道就越濃，可可脂的含量越高就越順口。

然而，即使是可可含量相等的高可可含量製品，也會隨著可可膏或是可可脂的比重高低，使最後做出來的巧克力呈現出不同的韻味。以韓國國內 A 公司所販售的72％可可含量製品來說，可可膏的含量占67%，可可脂的含量則占4.4%。

　　在Amy Choco，我們使用比利時產嘉麗寶（Callebaut）黑巧克力，它的可可膏含量占48.9%，可可脂含量占10.7%。兩者相較，雖然可可的含量都在60%到70%之間，但是嘉麗寶巧克力的可可脂含量整整高出2倍左右。

　　以市面上大量流通販售的巧克力來講，如果加入較多的可可脂，一到夏天就會出現容易融化的問題，所以無法提高可可脂的份量。因此，大家不應該期待超市所販售低可可脂含量的黑巧克力，能像手工巧克力一樣擁有入口即化的滑順口感。

巧克力辭典

黑巧克力 = 純巧克力嗎？
由於可可膏的苦味最濃，因此只要在可可膏中加入些許的糖和可可脂，即可製作出黑巧克力（dark chocolate）；若是增加糖的份量，即可製作出甜巧克力，此時再加入奶粉或牛奶，便可製作出牛奶巧克力。一般而言，我們很容易將高可可含量與黑巧克力聯想在一起，實際上，並沒有明確的標準可以界定究竟含多少的可可就是黑巧克力。有時，我們也會將黑巧克力和純巧克力（black chocolate）搞混，但是其實純巧克力是含40%～60%以上的可可膏，完全沒有加入任何乳製品所做出來的巧克力，因此也有人稱純巧克力為「苦巧克力」（bitter chocolate）。

還有一點很重要：不要忘了，即使產品當中使用較多的可可便聲稱是高可可含量的製品，用的卻是並未完全炒過的可可豆，或是使用因過熟而產生酸味的可可豆製品，這兩種產品絕對稱不上是優質的巧克力。

　　另外，當可可含量超過85%以上的時候，反而會出現一股澀味，蓋過甜味；雖然每個人的口味都不太一樣，但是Amy認為基本上可可含量介於55%～75%之間的巧克力是最美味的。

　　雖然，真正決定巧克力味道的其實是可可豆的品質，可是可可含量低於50%的巧克力絕對不會是高級巧克力喔！

戲說
巧克力趣史

　　製作巧克力的原料——可可，據說是從大約在兩千六百年前開始，以墨西哥為中心種植進而擴展到整個中南美洲，這個事實可以從當時居住在這個區域且創造出輝煌文明的奧爾梅克人、馬雅人和阿茲特克人的遺跡中得到證實。

　　最先種植可可樹的奧爾梅克人，一開始是生食可可；接著，馬雅人發現可可經過翻炒後，香氣和味道更佳，才開始將炒過的可可磨碎，加入水中飲用。

　　可可豆陪伴奧爾梅克人和馬雅人走過歷史，進入阿茲特克文明時期，被稱為「眾神的果實」，進而成為獻給皇帝的珍品。他們認為飲用可可不僅能夠振奮精神，即使不吃任何東西，只要喝一杯可可飲料便可走上一整天的路，因而稱可可飲料為「能量飲」（power drink）。

法國新古典派畫家伊莉莎白・維傑・勒布倫
（Élisabeth Vigée Le Brun）替法國皇后瑪麗・安
東尼（Marie Antoinette）繪製的肖像畫。
瑪麗皇后是巧克力成癮者，擁有她專屬的巧克力
製作師傅。

除此之外，他們還把可可飲料當作一種藥品，認為它能夠有效舒緩牙痛，且具有退燒的功能。在《巧克力博物誌》中就提到這樣的例子，阿茲特克文明的印地安人曾經將可可和其他藥草混合在一起，用來治療疾病。其實，可可飲料最初傳到歐洲的時候也不是一種消費品，而是被當作藥品，只能在藥房取得。

可可豆不僅富含營養，也是用來製作元氣飲料的原料，甚至扮演過「褐色黃金」的貨幣角色。在阿茲特克文明中，扮演貨幣的可可豆被用來當作供品或是稅金等，地位等同錢，據說在當時用10顆可可豆可以買到一隻兔子，100顆可可豆可以買到一名奴隸。

擁有專屬的巧克力製作師傅

西班牙是最先認識可可的歐洲國家。1519年，西班牙將軍荷南‧科爾蒂斯（Hermán Cortés）攻打墨西哥的時候，在當地喝到用搗碎的可可加入水中的熱飲，那正是由「神的食物」製作而成的可可飲料。

對可可飲料為之著迷的科爾蒂斯在攻下墨西哥之後，便將可可果實帶回西班牙，開啟了西班牙貴族享用巧克力熱飲的習慣，他們在可可飲料中加入糖，使它產生甜味。後來，這種香甜的飲料便經由到西班牙遊玩的旅客和王室通婚等媒介，傳遍整個歐洲。

1580年，西班牙首度開始種植可可樹，接著，可可樹的種植區域便隨著西班牙的向外殖民擴展到墨西哥、厄瓜多、委內瑞拉等世界各地。巧克力傳入歐洲各國以後，以能夠治癒腸胃病和補充精力，迅速在上流社會間廣為流傳。打從一開始，它就是權貴人家才喝得到的飲料，甚至在長達兩百多年的這段時間，都是屬於王室和貴族獨享。

　　特別值得一提的是法國王后瑪麗‧安東尼，她是個巧克力成癮者。看過《凡爾賽拜金女》這部電影的人，就可以從瑪麗‧安東尼在臥室吃巧克力的畫面明白她究竟有多熱愛巧克力。另外，從她擁有個人專屬的巧克力製作師傅這般行徑，同樣可以看出她對巧克力著迷的程度有多深。

　　從上流社會所獨享的巧克力到現在大量生產讓你我都能開心享用的硬幫幫外型，不過才經歷了短短一百六十多年的時間罷了。瑞士有個名叫丹尼爾‧彼得（Daniel Peter）的少年，他因巧克力的關係和當時頗負盛名的弗朗索瓦‧路易‧卡耶（François-Louis Cailler）的長女芬妮結緣，並在雀巢公司的幫助下，於1876年首次製作出固體形狀的牛奶巧克力。由於這個固體形狀巧克力的誕生，巧克力才得以大眾化，讓一般人也能開始享用巧克力的滋味。

　　在韓國，則要到大韓帝國晚期，經由外國廚師Sontag先生的推薦，才將巧克力介紹給王室，隨後才有人將日本和美國的巧克力產品進口到韓國。1968年，海陀製菓公司完全靠韓國本身的技術率先製造出國產的巧克力。

認識
巧克力眾合國

英國：消費全歐70%的巧克力條

從西班牙開始流行的可可飲料，到了17世紀的英國則是從俱樂部興起對巧克力的熱愛。貴族和新興的中產階級將英國的巧克力店變成他們用來談論政治和文化的俱樂部；特別值得一提的是，英國人最先將巧克力做成格子板狀，這個做法加速巧克力的大眾化。

英國人喜歡牛奶巧克力勝過黑巧克力，他們最愛的就是焦糖口味的巧克力條，全歐洲70%的巧克力條是被英國人吃掉的。

比利時：以頂級巧克力 Godiva 聞名

17世紀末，製作巧克力的元老業者們開始到布魯塞爾定居，有「巧克力天才」之稱的讓‧紐豪斯（Jean Neuhaus）於1912年做出了核桃糖。最有名的比利時核桃糖是用瑪儂（Manon）、鮮奶油、奶油、杏仁膏製作，待這些材料呈糊狀之後，再用核桃做裝飾，然後以巧克力岩漿或白巧克力披覆外層。

「瑪儂」取自1731年普雷沃斯（Antoine Francois Prevost）出版的小說《瑪儂‧雷斯考》（Manon Lescaut），而以核桃糖做為主要原料大量生產的產品則取名為歌帝梵（Godiva）、利奧尼達斯（Leonidas）、紐豪斯（Neuhaus）、吉利蓮（Gilian）等。

1946年在比利時成立的歌帝梵，該公司所生產的核桃糖有50%供出口，成就了它日後聞名全球的頂級巧克力製造商之霸業。

荷蘭：最先開始製作可可

荷蘭化學家Van Houten開發出粉末狀的巧克力，這種巧克力粉末稱作「可可」，成為方便且容易消化的現代飲料，其後荷蘭開始將可可粉的製作專業化。重視實際利益和品質更甚於華麗外表的荷蘭人，不僅讓可可粉的品質更上一層樓，光是從事磨碎可可豆的產業都有相當龐大的營收。

有些地方甚至因巧克力製造商的存在，例如金鷹牌（Van Houten）、本多普（Bensdorp）、德讚（De Zaan）、地球牌（Gerkens）

等，變成具代表性的城市；此外，為了讓卡布奇諾或是提拉米蘇順口而不可或缺的可可粉，大部分都產自荷蘭。

瑞士：牛奶巧克力大國

　　直到18世紀才知道有巧克力這種東西存在的瑞士，雖然是歐洲最晚開發巧克力的國家，卻在巧克力的製作方法上有了革命性的發展，並且很快就成為全世界巧克力消費量最高的國家。自1879年開始生產丹尼爾·彼得所開發添加了奶粉製作而成的牛奶巧克力，牛奶巧克力已經成了瑞士的象徵，受到全世界的喜愛。瑞士是最先將榛果加入巧克力裡面的國家，製造商菲力浦·蘇查德（Philippe Suchard）也成了牛奶巧克力的象徵，雀巢（Nestle）、瑞士蓮（Lindt）、蘇查德（Suchard）等都是具代表性的巧克力公司。

法國：靠祕方闖出名堂

　　1615年，西班牙的安妮公主嫁給法國國王路易十三之後，法國王室才對可可飲料有了初步的認識，可可飲料的魅力繼而在貴族間流傳開來。主流的傳統法國巧克力是運用大量的糖和奶油巧妙製作而成。

　　如今，法國政府為了保護巧克力產業和維持商品的高品質，制訂許多巧克力相關的法律，用法律來抑制假巧克力在市場流通，保障巧克力師傅的辛勞，以製作出更多的頂級巧克力。

許多巧克力大師不僅靠著自己研發的祕方聞名，同時也帶給消費者一大福音。其中，具代表性的公司有法芙娜（Valrhona）、巧克力之家（La Maison du Chocolat，或譯梅森巧克力）、波娜特（Bonnat）等。

義大利：人氣滿分的香甜巧克力

在歐洲掀起一陣流行的巧克力，既是飲料又是食物，在天主教國家義大利，卻因為神職人員嗜吃甜食巧克力而引起爭議，原因是當時的社會認為巧克力是一種催情藥。

以巴伐利亞巧克力為首的甜點，都是利用巧克力製作出來的美味甜點，特別是將等比例的濃縮咖啡、巧克力、鮮奶油攪拌製作而成的Bicerin，搭配由杏仁、榛果、核桃混合而成的巧克力Gianduja，便是舉世聞名的巧克力甜點。

Gianduja最為人所津津樂道的就是在巧克力之中加入榛果，巧克力專家們盛讚這是「巧克力與榛果最完美的組合」。金莎出產的酒釀櫻桃巧克力（Mon Chéri）就頗負盛名。

義大利著名的巧克力公司有口福萊（Caffarel）、貝魯加（Perugina）等。

美國：大眾化巧克力的的搖籃

密爾頓‧賀喜（Milton Snavely Hershey）利用大量生產的手法，成功

地將巧克力生產普及化。原本經營焦糖工廠的賀喜在1983年芝加哥的萬國博覽會上，看出巧克力產業的潛力，於是決定將工廠生產主力轉而投向巧克力。賀喜使用植物油取代可可脂，製作出即使在炎夏也不會融化的巧克力，還在第二次世界大戰時提供美軍食用。賀喜的巧克力條和可可因而襲捲整個美國市場，同時賀喜的「Kisses」也成為了巧克力的代名詞。

墨西哥：頂級巧克力的產地

大約2,600年前，世界上最先開始栽培可可樹的是生活在墨西哥南部叢林地區的奧梅克族；從栽培品質優良的可可樹開始，墨西哥成為培養出頂級巧克力的巧克力故鄉。與巴洛克時期橫掃歐洲的巧克力有所不同，墨西哥人會將巧克力應用在烹飪上，像是將巧克力做成肉類或魚類料理的沾醬，或是將巧克力做成冰淇淋享用。喜好刺激性口味的他們，甚至還將巧克力做成辣醬，或將巧克力加入龍舌蘭酒中飲用。

黑巧克力的
驚人效果

　　對情侶來說，一年當中最重要的節日當然非情人節莫屬。情人節的起源是為了紀念一位善良的神職人員瓦倫丁（Valentine），他在禁止自由戀愛的古羅馬時代幫助許多相愛的男女。然而，究竟為什麼情人節要選擇用巧克力來當禮物呢？雖然有人說這是一種商業手法，事實上，這跟巧克力被視為「愛情靈藥」有關。

　　由法國女星茱麗葉·畢諾許和好萊塢男星強尼·戴普主演的電影《濃情巧克力》（Chocolat, 2000年）裡有這麼一個橋段：

　　「有個神祕的女人薇安·蘿雪，帶著她的女兒出現在法國某個恬靜的村莊裡。她的店裡做出來的巧克力有一種奇妙的魔力，讓村民紛紛投入愛神的懷抱。情侶們重新燃起對愛情的渴望、爭執不斷的鄰居開始和解……，巧克力的吸引力太過誘人，讓人們生活上再也無法離開巧克力，漸漸變得對浪漫趨之若鶩。」

巧克力為村人帶來了愛。怎麼會有這種事呢？答案就在巧克力中所含的苯乙胺。苯乙胺分泌出的荷爾蒙——多巴胺，是一種類似安非他命的興奮劑，它會刺激中樞神經，讓食用者產生幸福的感覺，就如同戀愛時脈搏會猛跳，巧克力因此又被稱作「愛情靈藥」。

　　此外，巧克力會刺激大腦產生類鴉片（Opioid）的成分，類鴉片是一種作用類似嗎啡的物質，能帶給我們愉悅的感覺；巧克力所含的咖啡因能夠有效趕走憂鬱，帶來好心情。使心情變開朗的關鍵在於巧克力會刺激腦部，分泌血清素這種神經傳達物質，以及能夠撫慰痛苦帶來愉悅的腦內啡。

　　除了上述特點，其實巧克力還隱藏著我們過去所不知道的各種功效。仔細瞧瞧那些攀登喜馬拉雅山等高山的登山客的背包，就會發現他們的包包裏面都帶著巧克力當作應急的糧食；當年拿破崙所率領的軍隊和參與二次世界大戰的美軍，都離不開巧克力這種應急糧食。

　　人在疲勞的時候，偶爾吃點巧克力，馬上就會感覺精神百倍，箇中有什麼奧妙呢？原因在於每100g的巧克力所含的熱量超過550大卡，相當於一頓簡單的早餐，也足以消除劇烈運動後所產生的饑餓感，再加上糖分很容易轉化成能量，因此運動後或是因為誤餐而身體突然缺乏能量的時候，食用高糖分的巧克力是迅速恢復體力的辦法。

　　有些高級飯店會在住房的枕邊擺上形形色色的巧克力，這份巧思是出於想讓客人吃下巧克力，消除從觀光景點回到飯店時的疲勞感。

能讓數學成績進步的黑巧克力

　　無論是在重要的會議或是緊張的時候，事先在嘴裏塞一小塊巧克力，就能帶給我們自信，在這種時候，擁有高可可含量的黑巧克比添加了牛奶或糖的牛奶巧克力，效果會更好。由於黑巧克力含有大量的可可鹼，可可鹼成分讓巧克力散發出獨特的苦味和香氣，溫和地刺激我們的大腦皮質，提升思考的能力；除此之外，巧克力也含有被稱為大腦營養素的卵磷脂，能夠提升記憶力和專注力，有助於保持腦筋的靈活。

　　研究顯示，如果在數學考試前來點巧克力的話，解題會解得更好。英國諾桑比亞大學運動與營養中心的教授大衛‧甘迺迪邀請30名受試者，對食用含巧克力成分和假巧克力成分對算術能力的影響展開實驗，研究團隊給其中一組受試者喝的是有500mg黃烷醇的可可飲料，另外一組喝的是純可可飲料。

　　過一段時間之後，實驗者從800～999之間隨機選出3個數字，要受試者倒過來唸，結果顯示飲用含500mg黃烷醇可可飲料的那一組受試者，可以迅速且正確地回答，即使在一小時內反覆測試也不容易感到疲勞。

　　基於這項實驗結果，研究團隊認為巧克力所含的黃烷醇成分能夠使腦中負責算術的部分靈活運作，幾乎沒有任何添加物的黑巧克力比添加了牛奶和糖的牛奶巧克力，擁有更高含量的黃烷醇。

巧克力是減肥食品嗎？

幾年前在日本曾經流行過巧克力減肥法；在美國，也曾經出現過體重逼近200kg的壯漢食用巧克力減肥，將體重減至95公斤的案例。一般而言，由於巧克力的卡路里很高，因此都被視為減肥的天敵，究竟巧克力和減肥是如何扯上關係的呢？

答案在於巧克力所含的瘦體素（leptin）成分。瘦體素所扮演的是減低食欲的角色；根據日本某醫學院的研究結果顯示，以二十幾歲的女性作為研究對象，讓她們在4週之內每天攝取50g含70%可可脂的黑巧克力，每4名女性當中就有3人出現體重下降的情況。

如果在飯前吃巧克力，會因血糖值升高而降低食欲，它的道理就像突然吃了甜食引起胃部的反射動作，造成胃部停止蠕動。

此外，當我們只吃到八分飽後便開始吃飯後甜點的話，也會即時影響血糖值，大腦會發出「吃飽了」的訊號，如此一來就可防止飲食過量而達到減肥的效果。

利用巧克力減肥法，要特別注意一點，那就是務必選擇黑巧克力，可以的話，儘可能選用可可脂含量超過50%以上的黑巧克力，最好避免選擇有牛奶或糖等添加物的牛奶巧克力、甜巧克力，或是幾乎不含可可脂的白巧克力。

有效預防老化和成人病的可可

　　巧克力還有減緩老化的功用；老化的原因出在被稱為活性氧的自由基，這種自由基會攻擊細胞，導致癌症或是發炎。可可脂含有兒茶素、單寧、可可鹼等抗酸化物質，能夠去除自由基，對身體產生保護作用；因此出現含高可可脂的巧克力能夠有效預防老化和癌症的說法。

　　根據澳洲和荷蘭的科學家在《英國醫學雜誌》（British Medical Journal）所發表的論文發現，一天食用100g的巧克力就能降低罹患成人病的風險達78%，而且還能夠延長男性6年的壽命和女性4.8年的壽命；這一切都是託巧克力主要成分可可當中富含多酚之福。

　　酒類和水果等所含的多酚也能夠抑制造成老化和致癌原因的自由基，預防老人斑或皺紋等老化現象的產生；除此之外，還能抑制血管阻塞造成心臟麻痺的血小板凝聚，預防動脈硬化和心臟疾病的發生。

　　報告指出，可可當中的多酚有助於大腦主要部位的血流，對老年

巧克力辭典

不能餵寵物吃巧克力的理由
巧克力所含的可可鹼對狗、貓或是鸚鵡來說是有毒的。如果餵牠們吃巧克力，可可鹼無法在牠們的體內分解，可可鹼停留在牠們體內超過20小時，就會讓寵物出現癲癇、心臟麻痺、內出血等狀況，甚至導致牠們的死亡。

癡呆、中風以及血管疾病有相當程度的治療效果，調節血管內氧化氮的合成，進而有效控制高血壓。

此外，可可脂含35%的油酸，這種油酸屬於不飽和脂肪酸，可有效降低血膽固醇、預防動脈硬化、緩和血管發炎。

PART 2

How to Make Chocolate

自製巧克力的基礎教學

即使下定決心要在家裏自己做巧克力,但是能不能做出像在超市販賣的一般巧克力,或是像巧克力師傅一樣做出香氣四溢的巧克力呢?光是準備林林總總的基本工具,就可以把人搞得灰頭土臉了。

初次挑戰自製巧克力的人必須從巧克力的種類開始,學習調溫、浸覆、鑄模技巧,還要認識一整套的基本工具。

什麼是
DIY巧克力呢？

在自製巧克力之前，首先應該正確選擇巧克力，一般來說大多會選用調溫巧克力（couveture chocolate）和非調溫巧克力（coating chocolate）。非調溫巧克力會用可可粉取代可可膏，或用植物油取代可可脂，這樣一來不但不會出現油斑現象，也不需要調溫的步驟，對初學者而言可說很容易上手。

但是，選擇非調溫巧克力做出來的巧克力，味道或香味明顯不如用調溫巧克力做出來的。如果是製作巧克力棒、蛋糕、餅乾等，不會有太大的影響，不妨選擇非調溫巧克力；如果想要做出真正的巧克力，請選用調溫巧克力吧！

非調溫巧克力是將法文的couveture改用英文coating表示，有「披覆」的意思。一般來說，可稱為調溫巧克力的，可可脂肪含量應該超過31%以上；味道和風味突出的高級巧克力，比起非調溫巧克力價格來得高。製作甘納許巧克力或是鑄模巧克力時，非調溫巧克力是個不錯的選擇。板狀和硬幣大小形狀的巧克力經常會在標示可可含量時將可可脂和可可膏合計標示。

Amy在製作手工巧克力的時候會使用比利時產的黑巧克力，製作白巧克力和牛奶巧克力則使用瑞士產的非調溫巧克力。瑞士的巧克力使用新鮮牛奶製作而成，口感細膩。另外，相較於比利時產的巧克力，瑞士產的巧克力可可脂含量也比較高。

雖然使用法國產的法芙娜（Valrhona）巧克力的人也不少，但是由於它的價格比較高，所以這也許會對初學者造成一些負擔。在韓國的進口巧克力當中，巧克力製作師們最常選用的正是瑞士和比利時產的巧克力。

無論是使用巧克力來寫字或裝飾，使用比利時產的佳利寶（Callebaut）巧克力是比較合適的，將這種巧克力與其他材料拌在一起，味道能融合在一起，而且它的可可脂含量達60%，甜中帶苦的味道是其特色之一。

巧克力辭典

巧克力也會長白斑！
沒有經過調溫的巧克力融化又冷卻成硬塊之後，會出現所謂的「油斑現象」。如果我們用的是沒有調溫過的巧克力，巧克力的表面會變成白色且失去光澤，或者出現白色的斑點，這都是出現油斑現象的特徵。若是巧克力出現油斑現象之後還拿來製作巧克力，結果只會做出難吃的巧克力。

受到全世界喜愛的披覆巧克力

法國法芙娜巧克力

受到全世界一流巧克力製作師的喜愛，成了非調溫巧克力的代名詞。1922年，法芙娜製作出全世界最好的巧克力之後，深受大家喜愛的巧克力師傅也因此誕生，只不過高級巧克力的代價就是它的價格比起其他的產品貴上至少兩倍之多。

比利時嘉麗寶巧克力

1850年以乳製品和啤酒品牌起家；1911年開始製作巧克力，進而成為世界性的品牌。如今該公司不僅舉辦巧克力學術大會，也不吝嗇於支援各項國際會議。該公司所生產的巧克力品質極佳，深深擄獲世界各地巧克力製作師傅的心，並且不斷地推陳出新，例如有機農產巧克力、低糖巧克力，以及產地限定的原味巧克力等新產品。

瑞士菲荷林（Felchlin）巧克力

黑巧克力的可可脂含量達52%，且使用高品質的可可豆為原料做出的高級披覆巧克力。特色是將可可果實的形狀刻於巧克力表面，帶微苦的頂級口感。

製作巧克力需要的基本工具

單柄鍋

鋁鍋，優點是導熱性高，能夠快速熱鍋。將材料加溫、鮮奶油或牛奶加熱、製作焦糖時使用。

圓形模具

套在擠花袋之後，製作一般大小甘納許巧克力時使用。製作栗子松露、白朗峰（Kisses巧克力的形狀），或長圓筒狀時使用的工具。

塑膠擠花袋

需要在模具（貝殼形）中擠滿甘納許或奶油，以及糊狀布朗尼時使用。這是拋棄式工具，優點是用後即可丟。

烘焙紙擠花袋（圓錐形）

裝飾巧克力時使用。此項工具不一定要買，也可以自行製作。

簡便湯杓或矽膠杓

拌勻材料，或是將滾燙的巧克力或糊狀材料刮乾淨時使用。

木杓

攪拌甘納許或巧克力等滾燙材料時使用。製作焦糖時，配合單柄鍋使用。

加溫碗
不銹鋼材質,有握柄的碗。用來將巧克力加溫融化,或是調溫過程中的升降法時使用。導熱性高,能輕易讓冷卻的巧克力加溫。

矽膠刷或小矽膠杓
製作大理石紋路、敲打巧克力製造花紋、製作巧克力杯時使用。毋需擔心刷毛掉落,可以乾淨俐落地處理巧克力。小型杓則是攪拌少量材料時始用。

抹刀
抹平巧克力表面、在甘納許進行浸覆步驟前抹上薄薄一層巧克力或是奶油時使用。大型抹刀是製作大理石巧克力調溫時不可或缺的工具。

長刀
刀片薄且厚度一致,能夠俐落切割甘納許。假如沒有長刀的話,一般料理用的刀也可以。

巧克力叉
將硬邦邦的巧克力或餅乾等浸覆上調溫巧克力時使用的工具。依據填充物形狀的不同,選用不同的巧克力叉,方形的甘納許選擇叉型巧克力叉,圓形的甘納許選擇圓形的巧克力叉。也可使用一般的叉子。

製作花紋用刮刀
在蛋糕或是巧克力上做出花紋的工具。調整刮刀兩邊的粗細,可做出細紋或粗紋不同的效果。

刮刀
將大量巧克力調溫時需要用到的工具,此外,製作鑄模巧克力時,用來將巧克力刮乾淨。

秤

秤巧克力、奶油、杏仁糖等材料重量時使用。這是製作巧克力必備的工具之一。

滾網（披薩紗網）

利用巧克力做完披覆的動作之後，將巧克力擺到滾網上快速翻滾，即可以做出長條狀巧克力；也可選擇擺著不動讓巧克力定型後便可取下。

置涼架

從烤箱取出來的麵包或蛋糕擺在置涼網上，將材料放涼時使用。因為有支架架高的關係，材料可以由下方散熱。

打蛋器

用來打蛋或打鮮奶油、攪拌牛油、糖、奶油等材料時使用。藉由直接觀察材料是否已經變成糊狀或發泡狀，調整料理時間。選擇縫隙密、柔軟且有彈性的材質為佳。

溫度計

準確控制調溫巧克力的溫度所必需的工具。製作巧克力最重要的關鍵之一就是溫度；一旦技巧純熟之後，以材料觸碰下嘴唇便可測量其溫度。

碗

將巧克力放進微波爐做調溫時使用的碗。把巧克力放入碗中，再入微波爐30秒，不需要用到水就可融化巧克力，既安全又方便。

篩子

撒粉類材料或過濾材料時使用。使用篩子能過濾雜質，讓材料與空氣接觸而混合，過濾後的材料能和其他材料均勻混合，製成糊狀。

How To Make Chocolate

依形狀的不同
為巧克力分類

板形巧克力 （solid chocolate）	扁平狀的巧克力，通常只用巧克力製成，偶爾會見到擺上杏仁等堅果或爆米花等。
貝殼巧克力 （shell chocolate）	先將巧克力倒入模具中，製作出貝殼形狀，在當中放入奶油、果醬、果仁、水果等（置於中心或塞入中心部分），再以巧克力覆蓋即成。
糖衣巧克力 （enrober chocolate）	enrober是「包裹」的意思，以巧克力包裹小餅乾或脆餅即成。
空心巧克力 （hollow chocolate）	以空心的巧克力做出玩偶、動物、蛋等形狀。主要在復活節、萬聖節、感恩節期間製作。
巧克力球 （pan-work chocolate）	以巧克力包裹花生或杏仁等堅果類之後，再以糖裹成粒狀巧克力。這個名稱的由來是因為在料理過程中利用平底鍋製作而成。
鑄模巧克力 （molding chocolate）	將融化的巧克力倒入模具中，可做出愛心、花、聖誕老人、錢幣等各種形狀的巧克力。

巧克力的調溫方法

　　巧克力含有可可脂、糖、可可膏等成分。如果不經融化直接使用的話，巧克力所含的各種成分無法混合，會出現各自分離無法使用的情況。調溫就是加熱巧克力，在攪拌的過程中調控溫度，讓各種成分相互混合，使巧克力安定，經適當調溫後的巧克力，不論是要凝固或分離都會變得輕而易舉。此外，調溫後還可以讓巧克力成品的表面散發光澤，放進嘴裡滑順即溶。

　　調溫過程的溫度需視巧克力所含的成分，按照成分比例的不同調整。此外，由於巧克力製造商的不同，也會有一些差異，因此必須參考產品的成分標示決定。調溫大致可分為升降法、種子法、大理石法等3種方法。調溫過程中，巧克力加熱到攝氏40～50度會完全融化，在攝氏25～27度之間即冷卻。

巧克力辭典

油斑與糖斑現象

調溫時，無論是溫度過高或過低，即過度調溫，巧克力的表面就會出現一層可可脂浮出的白膜，就是所謂的油斑（fat bloom）現象；巧克力表面出現糖結晶，即糖斑（sugar bloom）現象。如果出現上述現象，雖然不會造成什麼食安上的問題，但是口感卻會因此下降。

升降法（加溫法）

　　不直接將裝有巧克力的碗放在火上加熱，而是將它泡在水中隔水加熱，巧克力會融化（攝氏40～50度），之後放進冷水（攝氏15度）中讓溫度下降，接著再讓溫度上升到適當的溫度，這是在家就可以完成的方法，不過要注意加溫時，不可讓水過熱出現水蒸氣為佳。

巧克力種類	融化溫度	在冰水中凝固的溫度	作業時間的溫度
黑巧克力	攝氏40～50度	攝氏27度	攝氏31～32度
牛奶巧克力	攝氏45度	攝氏26度	攝氏29～30度
白巧克力	攝氏40～45度	攝氏25度	攝氏28～29度

How to make

1 大碗中裝水，置於火上。接著在另一只碗中裝入巧克力，放入上述裝了水的碗中。

2 使用杓子慢慢攪拌巧克力使其融化。當碗中的巧克力融化80%左右，即可將碗從火上移走，利用餘溫將剩餘的20%融化，此時用溫度計測量，溫度應為攝氏40～50度，若手邊沒有溫度計，可用嘴唇或手指感覺，應該是會讓人感覺到溫暖的程度。

3 將這只碗放進攝氏15度的冰水（去冰）中，上下攪拌均勻，使溫度下降。

4 再用溫度計測量，恰當的溫度應為攝氏度25～27度，用下嘴唇感覺看看，應該是會讓人覺得冷冷的；搖晃起來，明顯可以看到巧克力的線條，這樣就是適當的溫度。

5 再加溫，使溫度升高。用杓子上下攪拌均勻，讓巧克力的溫度上升到攝氏30～32度，以下嘴唇去感覺，稍覺溫熱即完成。

種子法

　　使用微波爐調溫的方法：將巧克力放入微波專用的容器中，加熱融化後，取出攪拌。如果不攪拌，熱度會集中在同一個地方，巧克力容易焦掉。接著將調溫後的巧克力一點一點取出，使其降溫達到適當的溫度。

How to make

1 將巧克力放入微波專用的容器中微波，使其融化。

2 經過30秒左右取出，以杓子反覆攪拌數次，以防巧克力焦掉。

3 將調溫後的巧克力從浸泡的容器當中取出（融化前是巧克力硬幣的狀態），使溫度下降。

4 注意，巧克力不能結塊，完全融化時的溫度用溫度計測量應為攝氏30～32度的溫熱感即完成。

巧克力辭典

升降法vs.大理石法

升降法不需要特殊的工具或場地，初學者在家就可輕鬆上手。不過，要特別注意加熱時，不能讓水或水蒸氣進到材料中。至於大理石法，則是利用大理石能讓熱度快速冷卻的優點，在短時間內就可做出大量的調溫巧克力，但是大理石法必須在溫度固定為攝氏20度的室內進行，因此夏天的時候使用升降法會比大理石法來得合適。

大理石法

　　巧克力加熱融化後，將其中的三分之二倒在大理石上，用抹刀和刮刀抹開，成薄薄一層，再聚攏抹開使溫度降低。當巧克力的溫度降到攝氏25～27度的時候，再和剩餘那三分之一的巧克力混合至恰當的溫度（最終溫度為攝氏29～32度）。

1 如種子法，先將巧克力裝在微波用的容器中，微波30秒後取出，以杓子反覆攪拌數次。將三分之二份量的巧克力倒在大理石作業台上。

2 在作業台上，以刮刀將巧克力平順地抹成薄薄一層。

3 再用抹刀和刮刀將巧克力聚攏，讓面積逐漸變小。

4 重複抹開、聚攏的動作，直到溫度降到攝氏25～27度，萬一手邊沒有溫度計的話，大概像甘納許般濃稠，或是以下嘴唇、手去觸觸看，有微冷的感覺即可。

5 將經過調溫後這三分之二的巧克力倒進另外剩下三分之一巧克力的容器中，迅速攪拌均勻，讓溫度達到攝氏30～32度即完成。

學會像大師一樣做浸覆

製作手工巧克力最基本的技巧之一就是浸覆（dipping）。運用焦糖、甘納許等五花八門的材料製作而成的巧克力，將內餡輕輕浸入調溫過的巧克力裏，再用巧克力叉將其取出，然後以巧克力覆蓋即完成。

浸覆的時候，巧克力的溫度如果過高，味道會變淡；浸覆後將巧克力取出放到一旁，若是巧克力的一面持續在滴，另一面卻凝固成濃稠狀，那是因為所覆蓋的巧克力太厚的緣故，屬於失敗的作品。浸覆的時候一定要使用完全調溫過的巧克力，用巧克力叉將巧克力取出時也不要馬上將它擺到烘焙紙上，先輕抖3～4次，利用碗將巧克力的下緣處理乾淨為止。

浸覆好醬後，無論是將巧克力擺在烘焙紙上，或是用巧克力叉製作花紋皆可，也可以趁巧克力凝固前，使用水果乾、堅果或食用性金粉做裝飾。

巧克力辭典

如何保存巧克力？

為了保存巧克力的味道和香氣，也為了防止出現油斑現象，將巧克力的溫度維持在攝氏12～18度，濕度維持在65%左右是最適當的。有些人會把巧克力保存在冰箱，但是這麼做會讓巧克力的口感變硬，還會讓巧克力走味。

1 準備好在室溫下或冰箱中擺放一天的硬甘納許。

2 將加熱融化的巧克力放在甘納許上,利用抹刀薄薄地抹成一層,這個動作的用意是要讓切割過的甘納許在巧克力裏浸覆時,能夠順利使用巧克力叉做處理。

3 將甘納許切成理想的大小(照片中為2.5×2.5公分),切割前先將刀子稍微加熱,切起來會更順利。

4 將切割好的甘納許擺在四角盤中,一塊塊甘納許之間留點間隙,在室溫下放一小時,使其乾燥。

5 將甘納許放進調溫過的巧克力中,再以巧克力叉取出,擺放在塑膠材料的盤中。

6 在巧克力凝固前,利用巧克力叉在上面做出花樣,再放到通風處待其凝固即可。

讓巧克力擁有閃亮光澤的鑄模方法

將巧克力倒進由聚碳酸脂或塑膠製的模具中，待巧克力凝固定型，塞入甘納許等內餡，再以巧克力覆蓋即可。這樣的過程稱為「鑄模」（molding）。

鑄模的過程中，務必使用徹底調溫過的巧克力，因為如果用了沒有完全調好溫的巧克力，會沒辦法順利定型，容易做出失敗的作品。萬一倒入模具中的巧克力經過20～30分鐘都無法輕易從模具中取出，就將巧克力放冰箱中，經過收縮之後再拿到大理石上敲打，巧克力自然會掉出模具。

如果用的是長條狀工具，而巧克力無法順利從模具中掉出，要注意巧克力表面可能會出現刮痕。此外，清洗模具的時候，注意指甲不要刮花了模具；模具一旦出現刮痕，就再也做不出表面光滑的巧克力了。

巧克力對溫度很敏感，會在很短的時間內就凝固。只有透過不斷的練習，在短時間內完成鑄模巧克力，這是做出完美作品的不二法則。

巧克力辭典

巧克力的鑄模種類

巧克力多樣化的形狀取決於模具的材質，其材質大致可以分為橡膠（塑膠）、聚碳酸脂、矽膠。矽膠材質的模具比塑膠或聚碳酸脂柔軟，優點是很容易塞入內餡。巧克力製作師大多喜歡選用比利時產聚碳酸脂材質的模具，市場上有許多特別形狀的模具可供選擇，且能增加巧克力的光澤度，不過價格略微貴了點。不論是在芳山市場或烘焙網路的賣場上，都可輕易買到模具。

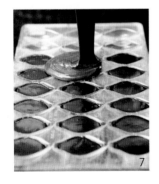

1 先以柔軟的棉花清理好模具備用，以手或刷子將調溫後的白巧克力和牛奶巧克力壓模，便可做出和吉利蓮巧克力一樣，雙色對比的巧克力。

2 將調溫後的黑巧克力填滿模具。

3 用刮刀將模具上方刮乾淨，然後敲一敲模具，不讓它產生氣泡。

4 將模具倒置，倒出巧克力，如此就完成第一次的定型。如果倒來的巧克力多了，就用甘納許填入，如此就能做出美味的巧克力！

5 用刮刀稍微整理一下巧克力周圍。

6 以置於室溫下凝固約一天時間的甘納許填滿模具的80%～90%。甘納許的味道較淡，才能和之後要進行覆蓋動作的巧克力混合。

7 將調溫後的黑巧克力覆蓋在其上，以刮刀稍微整理巧克力的表面，再將巧克力收進冰箱，使其凝固再倒置模具，取出巧克力即完成。

利用烘培紙製作擠花袋

　　想要在巧克力上寫字，或是做一些比較細膩的裝飾時，可以利用烘焙紙做出拋棄式的擠花袋（因其形狀之故，也有人稱之為「短號」）、鋁箔紙、塑料鋁箔擠花袋等幫忙。烘焙專用的擠花袋通常是塑料材質，由於沒有較小的尺寸，也可使用烘焙紙自行製作使用。

1 將矩形的烘焙紙如照片中摺起。

2 裁成三角形。

3 以三角形下緣的中間為基準，捲成漏斗狀。

4 尾端細長，且堅硬沒有縫隙。

5 貼上膠帶固定，或是將尾端捏扁、向內摺入即完成。接著再裝入三分之二份量的調溫巧克力（捏擠時不會漏出的程度），然後重新摺好，尾端剪去一點即可使用。

PART 3

Chocolate Recipes

毋須羨慕巧克力大師
的自製巧克力食譜

你會被香甜的味道迷倒，不假思索吃下巧克力，但是
經過了解之後，發現手工巧克力有杏仁糖、甘納許、
櫻桃果肉巧克力、四果巧克力等數也數不完的種類。
我們就從初學者也能輕鬆上手的生巧克力開始，到
適合情人節、聖誕節等紀念日的巧克力和別緻的甜
點……誰都可以成為巧克力大師，自製巧克力。

生巧克力
Fresh Chocolate

又稱「Pavé Chocolate」，而Pavé在義大利文中是「磚塊」的意思。這道巧克力恰如其名，外型就像磚塊一樣，對初學者來說相當容易上手。其中加入鮮奶油，使它不像一般巧克力那樣堅硬，口感溫和，令人齒頰留香。將巧克力放進嘴裏，一開始會因為巧克力外層沾附的可可粉而覺得微苦。由於生巧克力的有效期限比一般巧克力的有效期限短，所以在製作完成之後馬上食用是最好的選擇。

工具 方形盤、抹刀
材料（大小：2.5×2.5cm 完成份量：20到50顆）
黑巧克力200g、鮮奶油100g、可可粉適量

1 首先將黑巧克力和鮮奶油分裝在兩個碗裏，使用隔水加熱法融化（參考第61頁）。
2 將鮮奶油倒入融化的黑巧克力中，以杓子攪拌，製作出甘納許（即巧克力醬）。
3 在方形盤中先鋪上一層塑料墊底，倒入做好的甘納許，以抹刀抹平。
4 將方形盤收進冰箱，冷藏30～40分鐘，或是在室溫下放置一天，使其凝固，然後把方形盤倒置，將巧克力倒出，切割成可一口食用的大小。切割前，先將切割刀稍微加熱，如此一來，巧克力就不易附著在刀片上，可以輕鬆進行切割的動作。
5 用可可粉將切好的巧克力一顆顆均勻沾粉即完成。如果偏好味道苦一點的巧克力，可以將黑巧克力的份量調降到150g，然後在披覆的這個步驟中混入50g的可可膏。

Amy's Tip

可用密封容器或甜甜圈盒取代方形盤
如果家裏沒有方形托盤，可以改用較易取得的甜甜圈盒或是保鮮盒之類的密封容器。由於甘納許是柔軟的奶油狀，所以將它倒入方形托盤前，務必要先鋪上一層塑料墊底，不然的話，後面要將托盤倒置，倒出巧克力來會有困難。

四果巧克力
Mendiant

在法國傳統巧克力中，四果巧克力可以說數一數二。由於這道巧克力料理將堅果和巧克力組合在一起，堅果能夠幫助左右腦的發展，巧克力可以提升集中力，所以在國外特別受到學生的歡迎，也因此還有「Studenthaver」之稱，荷蘭文的意思是「學生的飯」。

工具 牙籤（或細竹籤）、拋棄式鋁箔杯10個、擠花袋
材料 （完成份量：10個）
黑巧克力80g、白巧克力20g、水果乾（藍莓、蔓越莓）各10g、萊姆酒適量
堅果（整顆的杏仁、榛果、開心果）各10g

1 堅果先乾炒，然後將水果乾泡在萊姆酒中軟化。
2 將調溫後的黑巧克力裝進擠花袋中，接著把黑巧克力擠進拋棄式鋁箔杯中。
3 將調溫後的白巧克力裝進擠花袋中，接著以點狀的方式擠在鋁箔杯的黑巧克力上。
4 使用牙籤攪拌黑巧克力和白巧克力，製作出想要的花紋。
5 在巧克力花紋凝固定型前，將堅果和水果乾擺上去裝飾。

Amy's Tip

用巧克力拉花
製作四色果巧克力的時候，不以堅果做裝飾，而是單純以黑巧克力和白巧克力做出造型，讓人有拉花藝術的感覺。首先，將黑巧克力擠進拋棄式鋁箔杯中，然後擠下幾滴白巧克力，接著以細竹籤或牙籤繪製出花朵、愛心等圖案，即輕鬆完成！

Chocolate Recipes

草莓巧克力
Strawberry Choco

拜小巧的模樣之賜，這款巧克力特別受到女性和小朋友的歡迎，能夠一口食用的大小很適合拿來當作點心。白巧克力滑順的口感，加上草莓酸酸甜甜的滋味，搭配開心果的香氣，組合成一道絕配的巧克力料理。

工具 草莓形狀的矽膠模具、擠花袋
材料 （完成份量：10個）
白巧克力150g、草莓鮮果粉10g、開心果10g

1 將調溫後的白巧克力、草莓鮮果粉以及磨碎的開心果，一起放入碗中。
2 用杓子將所有的材料拌勻後，倒進擠花袋中。
3 將拌勻的材料擠進草莓形狀的模具裏。
4 收入冰箱或放在室溫下靜置，待其完全凝固後，再從模具中倒出即可。

Amy's Tip

賦予巧克力繽紛色彩的鮮果粉
如果想要讓巧克力呈現繽紛多彩的顏色，可選用天然水果製成的鮮果粉會比使用人工色素來得好。草莓鮮果粉是將草莓切成細塊，冷凍乾燥。使用前先將它切碎，再混入白巧克力中一起攪拌，即可製作出粉紅色的巧克力。鮮果粉除了草莓之外，還有覆盆子粉、南瓜粉等，都可以和白巧克力混合使用，調配出絢爛的色彩。

Chocolate Recipes

葉形綠茶巧克力
Leaf Green Tea Choco

一口就能嘗到綠茶的苦和巧克力的甜，同時擁有兩種風情的巧克力料理，這是Amy Choco的人氣商品。這道巧克力料理最大的好處就是只要調溫步驟做得好，任誰都可以做出漂亮的成品。

工具 樹葉形狀聚碳酸脂模具、擠花袋
材料（完成份量：3個）
黑巧克力100g、牛奶巧克力50g、白巧克力50g、綠茶粉(抹茶粉)2g

1 將調溫後的牛奶巧克力裝進擠花袋，接著擠進模具中間的位置。
2 將調溫後的白巧克力和綠茶粉拌勻，然後填滿模具剩餘的部分。
3 等到模具邊緣稍微凝固之後，再將調溫後的黑巧克力裝進擠花袋，然後用黑巧克力將模具表面填平，即完成巧克力背面的部分。
4 將模具收入冰箱冷藏30～40分鐘，待其完全凝固後便可將模具倒置，取出巧克力。

Amy's Tip

如果沒有樹葉形狀的模具，就直接利用樹葉吧！
首先將準備好的樹葉洗淨擦乾，接著用刷子將調溫後的黑巧克力均勻塗抹在樹葉的正面（反面亦可），待巧克力凝固到一定程度之後，再抹上一層巧克力。讓巧克力在彎曲的樹葉上凝固後，將樹葉輕輕剝除，即可完成全天然樹葉模樣的巧克力！

杏仁碎片巧克力
Almond Rocher

這道巧克力料理是模仿法國砂質地區凹凸不平的石頭模樣而成，在義大利文中「Rocher」表示「石頭」。杏仁、葡萄乾等不同的內餡，讓巧克力擁有不同的風味；加入杏仁片營造出喀滋喀滋的碎片口感，組合起來絕對是道一流的巧克力料理。雖然外表看起來似乎很粗糙，但是香脆的堅果搭配醇美的巧克力，還是受到大家的歡迎。

工具 烘焙紙做的擠花袋
材料 （完成份量：15個）
黑巧克力100g、白巧克力少許、杏仁片30g、葡萄乾20g、萊姆酒適量

1 準備好稍微泡過萊姆酒的葡萄乾和杏仁片。
2 將杏仁片和葡萄乾一起置於碗中。
3 將調溫後的黑巧克力放進裝有杏仁片和葡萄乾的碗裏，用杓子拌勻。
4 使用兩只叉子將拌勻的巧克力做成可一口食用的大小，置於平底鍋中凝固。
5 將調溫後的白巧克力裝進烘焙紙做的擠花袋中，在平底鍋的巧克力上擠出想要的形狀，或按個人喜好使用杏仁片、葡萄乾等做裝飾。

柳橙巧克力
Orange Choco

利用糖和糖漿熬煮出爽口的柳橙,加上巧克力所製作成的柳橙巧克力,可說是完美的搭配。酸酸甜甜的柳橙,就像果凍般有嚼勁,搭配巧克力的組合深具魅力。製作柳橙巧克力的浸覆用巧克力,請選用瑞士的巧克力會比選用比利時的巧克力合適。

材料(完成份量:10個)
柳橙1顆(切成10片)、糖150g、水150ml、糖漿150g、香草豆1/2顆
黑巧克力(浸覆用)適量

1 將柳橙切成每片0.5公分厚的片狀。
2 將柳橙切片置於滾水中汆燙約5分鐘。
3 將糖、水、糖漿、香草豆放進鍋中煮沸,接著將汆燙後的柳橙片放入鍋中,熬煮約一小時,等到柳橙白色的部分變得透明柔軟,即可關火。
4 將煮過的柳橙靜置放涼,待其變成黏稠狀態即可,大約在室溫中放置一天的時間。
5 浸覆用巧克力調溫後,用來沾在放涼後的柳橙上,待其稍微凝固即完成。

Amy's Tip

用鹽去除柳橙皮上的農藥殘留
製作柳橙巧克力的時候,你一定很擔心殘留在柳橙皮上的農藥吧?只要在切片前,用鹽將整個柳橙搓揉過,便可洗淨農藥殘留。接著只要將切片後的柳橙放進滾水中汆燙約5分鐘,便可除去果肉和果皮間的苦澀味。

轉印紙巧克力
Transfer Paper Chocolate

只要將巧克力倒進選定的模具裏就能完成鑄模巧克力，對於第一次挑戰自製巧克力的人來說再簡單不過了。此時，只要將巧克力倒進已經印好圖案、字母等的轉印紙上，就能製作出更多樣的花紋。像這樣成熟的作品一點也不會亞於真正的巧克力製作師。

工具 橡膠模具、轉印紙、擠花袋
材料（完成份量：8～10個）
黑巧克力100g、白巧克力100g

1 將轉印紙裁剪成與模具尺寸相符的大小。
2 轉印紙裁好後，將印有圖案的那一面向上，放進模具裏。
3 將分別調溫過的黑巧克力和白巧克力裝進擠花袋裏，擠進放好轉印紙的模具。
4 待巧克力完全凝固，將模具倒置，取出巧克力。
5 使用刀片，小心地將轉印紙剝除即可。

選擇巧克力適用的轉印紙
用於製作巧克力的轉印紙屬於PET材質，當可可脂和食用巧克力、食用色素混合時，PET材質會轉變成膳寫用紙的形態。只要利用轉印紙就可選擇獨特的圖案、文句、花紋等，所以任何人都可以輕鬆做出具有個人特色的巧克力。一般來説，白巧克力會搭配紅色轉印紙，黑巧克力會搭配白色或黃色轉印紙。

甘納許巧克力
Café Ganache

在融化的巧克力裏加入鮮奶油，就可製成甘納許，加入紅茶就可製成紅茶甘納許，加入咖啡就可製成咖啡甘納許。依此類推，只要好好利用甘納許，就可調配出各種不同的風味，其中尤其以咖啡甘納許，同時擁有咖啡的醇香和巧克力的苦中帶甜，最具魅力。

工具 巧克力叉、轉印紙、方形盤、抹刀
材料 （完成份量：25個）
黑巧克力190g、鮮奶油100g、即溶咖啡5g、卡魯哇咖啡香甜酒5ml
調溫過的黑巧克力（浸覆用）200g、未調溫的（融化的）黑巧克力15g
市售摩卡咖啡豆（裝飾用）適量

1 鮮奶油加熱，倒入即溶咖啡中，拌勻。
2 巧克力隔水加熱將甘納許融化後，倒入拌勻的鮮奶油咖啡，從中心以畫圓方式緩緩攪動。
3 加入卡魯哇咖啡香甜酒，充分攪拌。
4 倒入方形盤中等待凝固後，以抹刀將融化的黑巧克力薄薄塗一層在它背面，這麼做是為了讓甘納許在浸覆的時候，可以輕易從巧克力叉上脫落。
5 將凝固後的巧克力切割成2×2×2公分的正六面體。
6 將切好的巧克力塊放進調溫後的黑巧克力進行浸覆。
7 利用市售摩卡咖啡豆做裝飾，或是貼上轉印紙再撕下，即成。

1.　　　　2.　　　　3.　　　　4.　　　　7.

Amy's Tip

以嘴唇測量巧克力的溫度
製作甘納許的過程中，在攪拌巧克力和鮮奶油時，適當的溫度是攝氏30～35度。
這個溫度大約是碰觸到下嘴唇時會覺得有些溫熱，若感覺更熱，巧克力和鮮奶油容易分離，相反地，若感覺較涼，巧克力和鮮奶油容易結塊。記得要從巧克力和鮮奶油的中心往外，以單一方向畫圓方式慢慢地攪拌，才能充分拌勻。

勃朗峰巧克力
Mont Blanc

法文，「勃朗峰」是「白色山峰」的意思。製作糕點時，勃朗峰代表的是將香甜的栗子奶油做成山的模樣，在最外層以栗子裝飾而成的甜點，但是在市售巧克力當中，「Kisses」正是栗子形狀的代表商品。

工具 圓形擠花嘴（孔徑1.5cm）、餅乾切割器（直徑2.5cm）、擠花袋、打蛋器
材料（完成份量：15個）
黑巧克力（浸覆用）200g、甘納許（黑巧克力60g、鮮奶油30g、栗子泥30g、蜂蜜6g）
黑巧克力（圓型底盤用）20g、未調溫的（未經融化的）黑巧克力10g、巧克力碎片少許

1 將黑巧克力（用來做圓形底盤）調溫後，薄薄抹一層在塑料上，等到光澤消失、稍微凝固之後，使用半徑2.5cm的餅乾切割器製作15個黑巧克力底盤。
2 將煮沸的熱鮮奶油倒入60g的固體黑巧克力裏，充分攪拌。
3 再擺上栗子泥和蜂蜜，等到顏色變明亮，觸感略稠時，就可以開始使用打蛋器攪拌。
4 將融化的黑巧克力擠在盤子上，並使用步驟1的黑巧克力做的圓形底盤固定。
5 將步驟3打好的黑巧克力倒進裝上擠花嘴的擠花袋裏，然後在巧克力盤上擠出栗子形。
6 收進冰箱冷藏，凝固後取出。
7 浸覆用的巧克力先調溫後，將凝固好的巧克力浸泡其中，進行浸覆的步驟，最後沾上巧克力碎片，即成。

 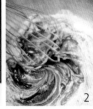   

1　2　3　5　6

Amy's Tip

裝飾用的巧克力碎片
利用削皮器或巧克力刮刀將結成硬塊的巧克力削成巧克力碎片，雖然巧克力碎片常被用來做裝飾，其實它不僅具備裝飾的效果，同時擁有頂級的口感，會在口中緩緩化開。無論是使用黑巧克力或白巧克力製作碎片，成品都會相當美麗喔！

榛果巧克力杯
Hazelnut Cup Praline

清甜的榛果加糖做成精緻、清淡的糊狀，即為榛果糖。榛果所富含的油脂和糖是絕妙的組合，如果手邊沒有榛果，其實花生奶油或米果奶油也可以製作出類似的口感。另外，因為榛果巧克力杯的有效期限比較短的關係，所以最好做好後就立刻食用喔！

工具 拋棄式鋁杯10個、星星型擠花嘴（孔徑1cm）
材料 （完成份量：10個）
黑巧克力（鑄模用）50g、甘納許（黑巧克力60g、榛果糖25g、鮮奶油25g）
完整榛果10顆

1 在鋁杯中裝滿鑄模用巧克力。
2 將杯中巧克力倒出後，靜待附著在杯子內緣的巧克力凝固後，即完成巧克力杯的雛型。
3 將榛果糖和巧克力隔水加熱，並將鮮奶油加熱至攝氏30～35度，攪拌做成甘納許。
4 將甘納許倒進裝上擠花嘴的擠花袋裏，然後擠進巧克力杯模型裏。
5 將烤過的罐裝榛果擺在模型上做裝飾即成。

 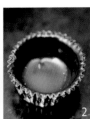  

 Amy's Tip

製作甘納許的兩種方法
第一種是將巧克力和鮮奶油分別隔水加熱，熱至攝氏40～45度巧克力融化後，再把溫度降至攝氏30～35度，然後把兩者拌在一起即可。第二種是將固體的巧克力煮沸，然後倒入鮮奶油攪拌即可。兩種方法的結果相同，所以選擇自己覺得順手的方法就好，不過，還是強烈建議初學者選用第一種方法會比較好！

伯爵紅茶巧克力
Earl Grey Choco

就如咖啡搭上巧克力是絕配一樣，紅茶和巧克力的組合也是天造地設的一對喔！其實，你不只可以選用伯爵茶，還可以選擇與自己口味相符的阿薩姆、大吉嶺、英國早餐茶等紅茶茶葉加入鮮奶油，調配出濃醇香的巧克力甜點。

工具 聚碳酸脂模具、矽膠刷、刮刀、擠花袋
材料 （完成份量：21個）
鑄模用巧克力（黑巧克力400g、白巧克力20g）、乾紅茶葉10g
甘納許（黑巧克力100g、牛奶巧克力50g、鮮奶油120g）

1 將80g的鮮奶油放入鍋中，煮至沸騰即可關火。
2 在煮過的鮮奶油中加入乾紅茶葉。
3 待紅茶開始顯色之後就可將茶葉濾掉。
4 將剩餘的40g鮮奶油加入攪拌。
5 將製作甘納許的黑巧克力和白巧克力隔水加熱融化後，與浸泡在紅茶裏的鮮奶油攪拌，做成甘納許，然後將甘納許置於室溫下即可。
6 以矽膠刷將白巧克力塗在PC（聚碳酸脂）材質的模具上。
7 將鑄模用巧克力調溫後，填滿塗好白巧克力的模具，接著用刮刀將多餘的巧克力刮除。
8 敲打模具除去巧克力裏的氣泡，再將模具倒置倒出巧克力，用刮刀將多餘的巧克力刮除。
9 待表面稍微凝固後，將步驟5的甘納許裝進擠花袋中，擠進模具中空的部分，擠滿80%左右。
10 模具收進冰箱凝固，20～30分鐘後取出，用剩下的黑巧克力（調溫過的）將表面填滿。
11 接著敲一敲模具，消除氣泡。
12 利用刮刀將模具表面處理乾淨。
13 將模具收入冰箱或放在室溫下直到凝固，再將模具倒置，取出巧克力即可。

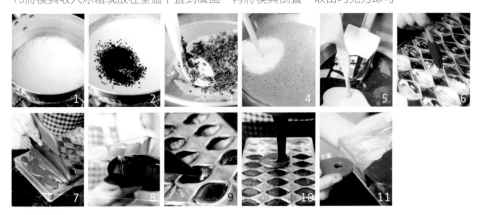

芒果貝殼巧克力
Mango Shell Choco

以芒果泥填滿中空的圓形松露巧克力，這款芒果貝殼巧克力能讓人享受到爽口的水果味道。由於貝殼松露巧克力只用了薄薄的巧克力製作而成，吃起來能夠體驗到將巧克力放進口中迸開的好滋味。初學者如果覺得製作貝殼巧克力有點困難的話，直接購買市售的貝殼也是個不錯的選擇。

工具 松露巧克力15個、巧克力叉、滾盤(披薩網盤)、擠花袋
材料
調溫後的白巧克力80g、調溫後的黑巧克力60g、鮮奶油30g、芒果泥35g
原味優格5g

1 將芒果泥和原味優格加在一起攪拌。
2 在拌好的果泥中分別加入白巧克力和鮮奶油中，隔水加熱後再拌勻。
3 將拌好的白巧克力和鮮奶油裝進擠花袋中，擠進松露巧克力裏，直至9成滿。
4 以調溫後的黑巧克力對松露巧克力貝殼進行封口。
5 待巧克力凝固後，從模具中取出，使用調溫過的巧克力進行浸覆。
6 將經過浸覆的巧克力擺在滾盤上，等到稍微凝固後，接著使用巧克力叉壓一壓，壓出尖尖的模樣之後，再在滾盤上滾一滾即完成。

Amy's Tip

初學者可使用市售貝殼比較容易
如果手邊有模具，當然在家裏就可以做出貝殼形狀的巧克力，但是對初學者來說，可以選擇到市場上、巧克力材料專賣店或網路上購買貝殼，會比較簡便。市售的貝殼有黑、白貝殼巧克力，也有圓形、星形、愛心形狀等多種圖案。

杏仁巧克力
Amande Chocolat

以法文表示的「杏仁巧克力」。杏仁堪稱是與巧克力的完美組合，以杏仁和可可粉調配出的杏仁巧克力，口感清新，不甜膩又爽脆，令人回味無窮。整顆杏仁表面披覆一層焦糖糖衣，再以調溫過的巧克力進行數次的披覆步驟；披覆步驟做得越多次，味道越好。

材料

調溫過的黑巧克力200g、完整杏仁150g、糖60g、水30ml、糖粉／可可粉適量

1 將杏仁用乾鍋稍微炒過，讓水分蒸發，或是將杏仁放進攝氏170～180度的烤箱中，
　烤6～7分鐘。
2 將水和糖放進鍋中去煮，等到鍋邊開始出現淺褐色即可關火，接著將炒過或烤過的杏仁
　放入鍋中浸泡。
3 待杏仁表面出現白色的糖結晶時，就可重新開火。
4 加熱直至焦糖完全顯色為止。
5 將加熱後的杏仁置於鋁箔紙上放涼，撒上糖粉使杏仁不會沾黏在一起。
6 待杏仁冷卻後，加入些許調溫過的黑巧克力，進行披覆，重複上述步驟約8～9次。
7 最後只要沾裹上可可粉即完成。

Amy's Tip

讓杏仁不會相互沾黏的糖粉

使用杏仁沾糖粉的原因在於，防止杏仁在製作過程中因為焦糖而沾黏在一起，雖然有時我們也會使用奶油，但是使用糖粉的效果更顯著。要讓杏仁粒粒分明，才能讓巧克力披覆均勻，也才能完整保存杏仁的形狀。這個步驟只要動作慢一點，就會讓焦糖相互黏成一團。

櫻桃果肉巧克力
Cherry BonBon

在夏天當令時期購入櫻桃，然後浸在櫻桃白蘭地裏，泡上一年左右。製作完成的櫻桃果肉巧克力，再用銀箔紙包起，擺上一個月左右，待櫻桃釀熟再食用，風味最佳。

工具 餅乾切割器（直徑2cm）
材料
黑巧克力（浸覆用）200g、黑巧克力（做為圓形底盤用）5g、釀熟的櫻桃10個
翻糖100g、櫻桃白蘭地（Kirsch）5ml

1 把泡在櫻桃白蘭地裏釀熟的櫻桃舀出，將櫻桃表面的水分擦乾。
2 在櫻桃白蘭地裏加入些許楓糖，使其變得順口。此時要特別注意，如果櫻桃白蘭地份量過多的話，味道會變淡，對櫻桃進行浸覆的時候容易滑掉。如果手邊沒有櫻桃白蘭地的話，使用甘邑白蘭地、萊姆酒或伏特加也可以。
3 抓著櫻桃梗將80%的櫻桃浸泡在翻糖中，然後取出。
4 將黑巧克力調溫後擺在塑料上，抹成薄薄的一層。待光澤消失、巧克力稍微凝固後，用的餅乾切割器切出10個圓形的巧克力底盤，將泡在翻糖裏的櫻桃擺在底盤上。
5 黑巧克力調溫過後，用來對櫻桃進行浸覆的動作，然後將完成的櫻桃果肉巧克力一個一個用銀箔紙包好，靜待一個月後即可食用。

Amy's Tip

糖漿—「翻糖」
用來裝飾餅乾表面或製作成砂糖材料等所使用的純白糖漿，直接用法文音譯就是「翻糖」，英文則作「fondant」。只要想想市售甜甜圈上的白色糖漿就對了。只要到有販賣烘焙材料的店家就可輕鬆買到了。

摩卡榛果巧克力
Mocha Hazelnut Gianduja

Gianduja是在翻炒過的堅果類加上糖粉、巧克力、可可脂，製作出滑順的糊狀口感。由於市面上販售的Gianduja是用擀麵棍製作出來的，所以口感比較滑順，Amy製作的Gianduja則是用圓豆咖啡搭配榛果、糖粉，再用食物調理機研磨而成，口感可能比較不綿密，但是這種原汁原味的巧克力風味才是絕佳。

工具 食物調理機、星星形狀擠花嘴（孔徑1cm）、擠花袋
材料 （完成份量：25個）
（炒過的榛果62g、糖粉62g、咖啡豆4g、可可脂2g）、牛奶巧克力110g、摩卡醬10g
黑巧克力（浸覆用）適量、完整杏仁25顆

1 將備好的材料放進食物調理機或食物攪拌器中攪拌。
2 待榛果出油，材料變成糊狀時即可收入冰箱冷藏約10分鐘，再取出置於室溫下。
3 將牛奶巧克力調溫，接著放入摩卡醬攪拌。
4 將步驟2中放涼的材料放入拌好後的巧克力中攪拌。
5 拌好後倒入裝上擠花嘴的擠花袋裏，然後擠出可一口食用的大小。
6 擺上整顆的杏仁（或杏仁巧克力）做裝飾。
7將浸覆用的黑巧克力調溫後，進行浸覆的步驟。

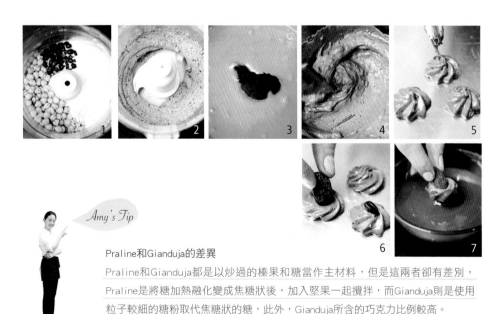

Amy's Tip

Praline和Gianduja的差異
Praline和Gianduja都是以炒過的榛果和糖當作主材料，但是這兩者卻有差別，Praline是將糖加熱融化變成焦糖狀後，加入堅果一起攪拌，而Gianduja則是使用粒子較細的糖粉取代焦糖狀的糖，此外，Gianduja所含的巧克力比例較高。

薑汁焦糖巧克力
Ginger Caramel

這道甜點是利用黑巧克力、牛奶巧克力和白巧克力3種巧克力，一層一層堆砌出可愛的人形。第一層加入清爽的杏仁，第二層加入混有生薑的鮮奶油，略帶苦澀的味道和焦糖組合出協調的味道，最適合用來搭配香氣濃郁的咖啡或茶。

工具 方形盤、牙籤（或細竹籤）、烘焙紙擠花袋
材料
第一層（黑巧克力100g、杏仁片100g）
第二層（牛奶巧克力200g、糖50g、水20ml、鮮奶油120g、生薑20g）
第三層（白巧克力120g、黑巧克力20g）、黑巧克力（裝飾用）適量

1 將黑巧克力加熱融化，與杏仁片拌在一起，倒入方形盤中鋪平，為第一層巧克力做準備。
2 將水和糖放入鍋中，熬煮至焦糖狀即可熄火。
3 在煮熱的鮮奶油中加入生薑薄片浸泡（若要薑味重一點，將生薑浸泡在鮮奶油中一天）。
4 將糖漿和鮮奶油拌在一起。
5 將牛奶巧克力放入碗中，隔水加熱融化。
6 將融化後的牛奶巧克力冷藏約10分鐘，接著進行過濾的動作後，與步驟5的牛奶巧克力一起攪拌。
7 拌好後，倒在步驟1的巧克力上鋪平，然後放入冰箱冷藏即完成第二層。
8 將調溫後的白巧克力倒在步驟6上，抹勻。
9 白巧克力凝固前，將黑巧克力（第三層材料）裝入擠花袋中，在白巧克力上畫出細線條。
10 使用牙籤或細竹籤調整黑巧克力的樣子。
11 收入冰箱凝固後，用加溫過的刀切割出薑餅人的形狀；記得使用加溫過的刀，才可以在不破壞第三層的情況下順利進行切割。最後，將黑巧克力當成鈕扣進行裝飾即完成。

焦糖巧克力杯
Chocolate Cup Caramel

這款巧克力不僅加入對健康有益的堅果,還搭配了不甜膩的焦糖巧克力杯,光是用眼睛看都會讓人垂涎三尺的豔麗賣相,讓這款巧克力經常出現在派對或宴會場合。製作完成後可放入冰箱中冷藏,當作零食,小朋友想到隨時都可以拿來吃。

工具 烘焙紙杯20個、刷子一把
材料 (完成份量:20個)
黑巧克力(製作巧克力杯用)200g、堅果類(開心果、整顆杏仁)各25g、糖100g
鮮奶油100g、水果乾(蔓越莓、杏仁)各25g

1 將調溫後的黑巧克力以刷子塗抹於烘焙紙杯中,重複2次左右。
2 將糖放入鍋中加熱融化,等到變成焦糖狀即可熄火,放入加熱的鮮奶油中攪拌。
3 加入水果乾和堅果持續攪拌加熱,等到焦糖膨脹即可。
4 冷卻後即可倒入事先做好的巧克力杯中。
5 待巧克力完全凝固後,就可從烘焙紙杯中取出。

 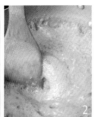   

Amy's Tip

絕不會失敗的巧克力杯
製作巧克力杯的重點在於,記得從烘焙紙杯凹凸不平的邊緣開始塗起。另外還要注意,雖然來回塗抹2次左右即可,但是如果塗得太薄的話,一旦凝固後要從杯中取出巧克力,可是會破壞巧克力形狀的喔!

心形巧克力禮盒
Heart Chocolate Box

情人節到了，將自己的心意直接做成巧克力，裝在箱子裏表達情意，這個方法如何？雖然看似做起來很困難，對初學者來說卻是意出意料之外地簡單，輕而易舉就可完成。盒子的部分使用高可可含量的黑巧克力，緞帶的部分則可選用白巧克力，裝飾得漂漂亮亮。

工具 保麗龍板（厚度0.5cm）、波音軟片（製作側面用及緞帶用）、鋸齒花紋刮刀、刮刀
材料
黑巧克力600g、白巧克力100g

1 在保麗龍板上畫出2個愛心，剪下。
2 以剪下愛心的保麗龍板做為邊框，固定好底部之後，倒入調溫後的黑巧克力，做出愛心禮盒的底部和表面。
3 使用刮刀整理一下禮盒的表面，讓兩片巧克力的厚度相等後，放入冰箱凝固。
4 經過30～40鐘左右，將巧克力禮盒從冰箱中拿出，並將巧克力取下。
5 剪出與禮盒側面長度相等的波音軟片，然後在波音軟片上塗抹一層有厚度的黑巧克力。
6 待步驟5的軟片巧克力表面光澤稍為消失，再沿著步驟4的禮盒底部邊線開始做固定。
7 在製作緞帶用的波音軟片（2.5×10cm）上塗抹一層有厚度的黑巧克力。
8 使用鋸齒花紋刮刀在步驟7的軟片巧克力上刮出花紋。
9 待步驟8的巧克力表面光澤稍為消失時，就可抹上白巧克力。
10 將它對摺，用來做緞帶的另一邊；等巧克力凝固之後就可將波音軟片取下。
11 重複步驟10，做出幾個以後，再以融化的巧克力將其固定在禮盒上。

巧克力玫瑰
Chocolate Rose

在韓國，5月14日是戀人們交換玫瑰花的玫瑰情人節。利用柔嫩的糊狀巧克力製作出玫瑰花，再放到繽紛的馬卡龍上做裝飾，用以表達心中的情意。送出這種禮物才能與眾不同啊！

工具 烘焙紙杯20個、刷子一把
材料 （完成份量：20個）
黑巧克力（製作巧克力杯用）200g、鮮奶油100g、水果乾（蔓越莓、杏仁）各25g
堅果類（開心果、整顆杏仁）各25g、糖100g

1 利用隔水加熱融化白巧克力，並加入糖漿攪拌。
2 接著，一邊用手搓揉白巧克力，一邊加入可可脂，讓它變成柔軟的糊狀。
3 揉到用手抓起來會出現黃色的油即成。
4 用保鮮膜將它包覆起來，放入密封容器裏，在室溫下放置約一天的時間，釀熟。
5 在釀熟的巧克力中加入草莓粉攪拌，接著一點一點取出，做成片狀的花瓣。完成一朵玫瑰花需要7片花瓣（小朵的玫瑰花需要3片，盛開的玫瑰需要11片）。此時，也可以選擇加入南瓜粉、百年草粉（譯註：產於濟州島的仙人掌科植物）、綠茶粉等，做出來的巧克力花會更多樣。
6 將花瓣向內捲曲，相互沾黏固定。
7 將數片黏好的花瓣固定後即完成了巧克力玫瑰花的製作。

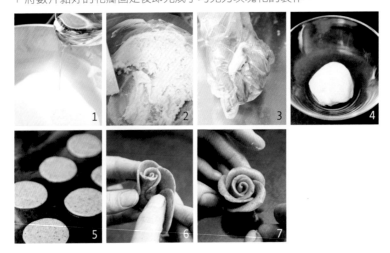

生日之星巧克力
Happy Star Choco

利用杏仁霜（marzipan）做出討喜的星形巧克力；所謂的「marzipan」是將杏仁研磨後，加入糖漿等，做出像黏土般的糊狀物體。由於觸感相當柔軟，因此可以做出想要的任何形狀、顏色也是其特色之一。

工具 星星形狀的餅乾切割器、擀麵棍、擠花袋
材料
黑巧克力200g、白巧克力20g、市售杏仁糖110g、市售橘子條20g、君度橙酒10ml
糖粉適量

1 將收在冰箱裏的杏仁糖取出，放在室溫下；將橘子條切碎，浸泡在君度橙酒中醃漬。
2 將杏仁糖和醃漬好的橘子條用手充分搓揉。
3 將揉了杏仁糖的橘子條放在鋪好塑料的盤子上擀平，此時如果因為來回擀動後黏在盤子上的話，記得撒點糖粉。用星形的餅乾切割器切割好之後，在室溫下放置半天的時間等待乾燥。
4 將糊狀的杏仁霜放進事先調溫過的黑巧克力做浸覆的步驟。
5 將調溫後的白巧克力裝進擠花袋中，在黑巧克力上擠出字母做裝飾。

2　　　3　　　5

Amy's Tip

散發橙香的君度橙酒
法國產的君度橙酒（Cointreau）是用橘子皮製成的無色酒，酒精濃度是40度。由於君度橙酒的甜味較重，加上滑順的味道和香氣，經常用於製作蛋糕或甜點。只要到酒類專賣店就可以買到君度橙酒（價格約在3萬韓圜左右），或者選用價格相對便宜的萊姆酒取代君度橙酒亦可。

小熊巧克力棒
Bear Stick

只要用巧克力當染料去繪圖，就可以製作出世界上獨一無二的作品。到了兒童節，可以用巧克力做出小朋友的笑臉或小朋友喜歡的角色等甜點，這樣的禮物不但充滿趣味，還能成為美好的回憶。

工具 波音軟片（或玻璃紙）、空心管、擠花袋、透明膠帶
材料
調溫後的黑巧克力100g、牛奶巧克力50g、調溫後的白巧克力50g、綠茶粉及草莓粉適量

1 將綠茶粉和草莓粉分別加入調溫後的白巧克力中，製作出淺綠色和粉紅色的巧克力。
2 在紙上描繪出想要的底圖，接著以塑料覆蓋，再用透明膠帶固定。
3 將調溫後的黑巧克力裝進擠花袋中，沿著步驟1紅綠雙色巧克力底圖的線條擠出邊線。
4 使用適當顏色的巧克力填滿空白的部分。
5 凝固之後，用黑巧克力覆蓋整張小熊的臉。
6 在中間部分壓入空心管。
7 使用調溫後的黑巧克力在空心管上做固定。
8 將做好的巧克力收進冰箱，等到完全凝固即可從塑料上取下。

Chocolate Recipes

巧克力捲
Chocolate Roll Cake

蛋糕捲的口感一流，搭配濃郁的巧克力奶油，在嘴裏緩緩化開，創造出香甜的味道，在父親節或母親節親手製作這樣的禮物獻給父母，不錯吧？這比在麵包店購買的蛋糕多了份與眾不同的誠意。

工具 矩形蛋糕模具（36×26cm）、攪拌機（或打蛋器）
材料
雞蛋4顆、糖90g、糖漿10g、低筋麵粉70g、可可粉15g、奶油10g、牛奶20ml
巧克力奶油（鮮奶油250克、黑巧克力100g）、巧克力碎片適量

1 將雞蛋打入碗中，加入糖和糖漿隔水加熱至攝氏40度左右。
2 利用攪拌機或打蛋機，將加了糖的蛋攪拌至出現結實的泡沫即可。
3 加入篩過的低脂麵粉和可可粉，用杓子慢慢攪拌，再加入加熱過的奶油和牛奶一起攪拌。
4 在事先準備好的蛋糕模具裏面鋪上烘焙紙，接著將步驟3攪拌至糊狀的材料倒入，放進預熱至攝氏190度的烤箱中烤上約10分鐘，製成海綿蛋糕。
5 在裝好黑巧克力的碗中倒入100g加熱的鮮奶油，攪拌均勻，然後泡入冰水中冷卻。
6 將150g的鮮奶油打至80%發泡，和步驟5的巧克力鮮奶油攪拌，做出巧克力奶油。
7 等到海綿蛋糕完全冷卻後，就可塗上述的巧克力奶油。
8 捲成蛋糕捲。
9 外層抹上巧克力。
10再撒上巧克力碎片就完成了。

巧克力蛋的藝術
Chocolate Egg Art

在歐洲，除了聖誕節流行巧克力之外，還有復活節；在韓國，雖然慶祝復活節的風氣不算盛行，還是可以選擇在復活節的時候製作巧克力蛋，並在巧克力蛋上進行彩繪裝飾，當禮物送給人。你可以在蛋裏面加入巧克力、甘納許，或者直接放入禮物、卡片，都是不錯的選擇喔！

工具 蛋形模具（聚碳酸脂或橡膠材質）、鐵盤、擠花袋
材料
黑巧克力500g、白巧克力100g

1 以調溫後的黑巧克力填滿模具，記得要搖一搖模具，讓巧克力能夠均勻分布。
2 待模具邊緣的巧克力凝固之後，將模具倒置，讓中間部分的巧克力流出。
3 等到模具中剩餘的巧克力完全凝固後，即可將巧克力從模具中取出。
4 將兩個半邊的巧克力蛋接合的部分放在加熱的鐵盤上，使其稍微融化。
5 再將兩個巧克力殼相黏，組成蛋的形狀。
6 將調溫後的白巧克力裝進擠花袋中，在巧克力蛋的外層彩繪花紋做裝飾。

Amy's Tip

絢爛繽紛的復活節彩蛋
在以黑巧克力填滿模具之前，可先用白巧克力在模具當中凝固出水滴狀或波浪狀等，製作出多樣化的花紋。當然，你也可以利用天然色素將白巧克力染色，做出色彩繽紛的巧克力彩蛋。

光棍節巧克力棒
Chocolate Stick

只要手邊有吸管，誰都可以做出巧克力棒來！能在11月11日光棍節（Bebero Day，或作單身節）這天，親手製作巧克力棒送給朋友或情人，是不是很棒呢？在巧克力棒上撒些堅果、巧克力細粉等，就能創造出五花八門的味道和樣式。

工具 吸管（直徑1cm）10個、擠花袋、美工刀、透明膠帶
材料
黑巧克力300g、開心果粉適量

1 將黑巧克力調溫，備用。
2 利用透明膠帶將吸管的一端稍微黏住（如果將吸管完全黏死的話，空氣無法通過，會造成巧克力無法順利進入，因此記得要留下些空隙比較好），以黑巧克力填滿吸管。
3 填滿整根吸管，直到巧克力溢出來為止。
4 收進冰箱，等到凝固後再使用美工刀將吸管割開，取出巧克力；記得，美工刀要平放使用，會比較好切割。
5 利用美工刀將透明膠帶黏住的部分切掉，整理一下巧克力的形狀。
6 將先前用來填滿吸管的黑巧克力抹在巧克力棒上。
7 將開心果粉撒在巧克力的一端做裝飾即成。

雪花吊飾
Snow Flower Ornament

聖誕節，做幾個散發濃濃節日氣氛的雪花飾品吊在樹上，或是用透明塑膠袋裝好，繫上緞帶，送給孩子們當禮物，是個不錯的選擇。

工具 抹刀、雪花形狀的餅乾切割器、針線、食用銀珠、食用亮粉、擠花嘴
材料
黑巧克力100g、白巧克力10g

1 先將黑巧克力調溫，接著倒入鋪好塑料的盤中，塗出一層0.3～0.5cm的厚度。
2 待表面的光澤消失且凝固得差不多之後，用雪花形狀的餅乾切割器切割出雪花形狀的巧克力。
3 將雪花巧克力收進冰箱中冷藏，靜待凝固。
4 待巧克力完全凝固後取出；將調溫後的白巧克力裝進擠花袋中，開始進行彩繪。
5 再用食用銀珠或亮粉等做裝飾，接著利用加熱後的針在巧克力上穿洞。
6 用線將巧克力串起，掛在樹上做裝飾即成。

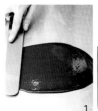

Amy's Tip

裝飾用的好幫手Alazan和Sparkles
在製作雪花飾品時，Amy最喜歡用的就是食用銀珠（alazan）和食用亮粉（sparkles）了，這些東西在進口烘焙賣場就買得到，缺點是價格偏高。Alazan是以銀粉披覆在糖粒上，呈現出閃閃發亮的高貴質感。

櫻桃布朗尼
Cherry Brownie

布朗尼原是英國人的點心,傳到美國之後受到更多人的喜愛。據說,它之所以叫布朗尼(Brownie)是因為顏色呈深咖啡色的關係;還有一種說法則說,布朗尼是借用傳說中蘇格蘭妖精的名字。濃郁、甜潤的巧克力口感,若是加入各式各樣的堅果和水果乾,會讓味道變得更好。

工具 打蛋器、馬芬模具、烘焙紙杯

材料 (完成份量:8個)

黑巧克力100g、低筋麵粉55g、可可粉30g、奶油100g、糖125g、雞蛋2顆、櫻桃100g

1 先打蛋,將奶油加熱至沸騰後關火,接著倒入碗中與糖和打好的蛋加在一起,快速攪拌。

2 利用隔水加熱法將黑巧克力熱至半融化狀態,放入上面那碗蛋的混合液中攪拌。

3 加入篩過的低筋麵粉和可可粉,再用打蛋器攪拌。

4 將一半的櫻桃切碎放進去,以杓子攪拌。

5 將烘焙紙杯放進馬芬模具裏,然後倒入糊狀的巧克力。

6 將剩餘的櫻桃嵌入巧克力中做裝飾,再放進預熱至攝氏170～180度的烤箱中烤20分鐘左右即可。

櫻桃布朗尼的包裝法

利用馬芬模具就可以輕鬆完成櫻桃布朗尼的包裝,若是再配上美式咖啡,就成了一份美味的點心。記得要趁櫻桃布朗尼一烤好,就進行密封包裝。雖說直接放在室溫下或是冷藏保存也可以,但如果烤完能放上2天,布朗尼會變得更加美味有嚼勁。

巧克力酥餅
Choco Sablé

酥餅是加入許多奶油烤成的餅乾，在酥餅的表面撒上一些糖，會讓酥餅變得更香脆。美國人說的「cookie」，英國人說的「biscuit」，都是酥餅。原本法文的「sablé」是「加糖」的意思。

材料（完成份量：30個）
低筋麵粉100g、奶油80g、糖粉40g、牛奶10ml、可可粉16g、杏仁粉30g、糖適量

1 將奶油置於室溫下放軟，一邊以杓子攪拌已軟化的奶油，一邊加入糖粉，一起拌勻。
2 接著，將置於室溫下的牛奶，一點一點加入其中，充分攪拌。
3 加入篩過的低筋麵粉、可可粉和杏仁粉，揉搓成糊狀。
4 然後揉成圓柱狀，接著以烘焙紙或鋁箔紙包好後冷藏或冷凍一天的時間。
5 冷藏變硬後就可在表面撒上糖。
6 切成厚度1cm大小一致的形狀。
7 間隔擺放於盤中，放進預熱至攝氏170～180度的烤箱中，烤20分鐘左右即可。

Amy's Tip

酥餅烤得香又脆的方法
將酥餅的顏色烤深一點，口感會更加酥脆。烤好的酥餅從烤箱中取出後，直接放在鐵盤上降溫，可以讓酥餅變得更加酥脆。另外，也可以換掉材料中的可可粉，改用調溫後的黑巧克力做二分之一的浸覆，或是利用擠花袋在香草酥餅上描繪裝飾，都是不錯的選擇。

巧克力奶油塔
Choco Custard Cream

奶油塔是將牛奶、雞蛋、糖等攪拌後，利用蒸或烤的方式製作出來的。由於主要材料是牛奶和雞蛋，所以要特別注意溫度的調控，以免材料出現結塊的情形。此外，加入雞蛋的奶油特別容易變質，所以建議在製作完成後馬上拿來抹牛角麵包等搭配享用，風味最佳。

工具 打蛋器
材料
黑巧克力30g、牛奶巧克力30g、鮮奶油40g、牛奶125ml、香草豆1顆、蛋黃1.5顆
低筋麵粉10g、奶油12g、糖30g

1 將蛋黃和糖放入碗中，攪拌至顏色變明亮為止。
2 低筋麵粉過篩後，加入其中攪拌。
3 將牛奶和香草豆放入鍋中以小火煮沸。
4 待牛奶煮至攝氏80度左右時，即可將牛奶過濾，分兩次倒入步驟2的材料中攪拌煮沸。
5 等到煮得有些濃稠之後就可關火，加入奶油攪拌，接著用保鮮膜封好放進冰水中冷卻。
6 將牛奶巧克力和黑巧克力加入鮮奶油中隔水加熱。
7 利用打蛋器將步驟5和6的材料充分攪拌，即大功告成。

1   2   3   6   7

Amy's Tip

鎖住雞蛋腥味的椰香酒
香甜的奶油塔口感滑順，但是因為需要添加雞蛋的緣故，只要一個不小心就會讓蛋腥味破壞整道料理。為了壓住雞蛋的腥味，只要加入椰香酒（馬里布）等就可解決這個問題。在可可脂和奶粉含量較高的牛奶巧克力中加入奶油一起攪拌時，如果一失手，這時候也可以加些椰香酒，讓味道變得更順口喔！

草莓巧克力醬
Choco Strawberry Jam

如果你已經吃膩了一般的草莓醬，不妨來創造一點另類的草莓醬吧！在草莓醬中加入黑巧克力一起攪拌，就可做出草莓巧克力醬，非常受喜歡巧克力的小朋友們喜愛。無論是搭配吐司、牛角麵包或是餅乾，都相當合適。

材料
草莓300g、黑巧克力80g、糖100g、檸檬汁10g

1 將草莓、糖、檸檬汁攪拌均勻後，靜置一天。
2 將靜置一天後的草莓果汁倒進鍋中，開大火以杓子攪拌煮沸。
3 待草莓醬的質地變濃稠且色澤變深之後即可關火。
4 將煮好的草莓醬倒入黑巧克力塊中。
5 攪拌均勻，接著只要放進冰箱中冷藏即可。

Amy's Tip

瑞士產的菲荷林最適合用來做草莓醬
說到製作草莓巧克力醬，Amy推薦大家選用瑞士產的菲荷林。菲荷林巧克力的味道滑順，帶一股淡淡的果香，與草莓醬攪拌之後，會讓草莓醬的風味更佳。有時候也可以加點野莓酒，讓果醬的香氣更濃郁。

Amy的招牌熱巧克力
Amy Choco

讓黑巧克力在牛奶中融化所製作出的熱巧克力，和使用即溶可可粉沖泡出來的味道，這兩者絕對有天壤之別。香草豆的清香搭配巧克力的濃郁，絕對讓你意想不到，請試著親手做一做這樣的熱巧克力吧！

材料
牛奶200ml、香草豆1/2顆、黑巧克力50g、鮮奶油少許

1 將香草豆切好備用。
2 將牛奶和切好的香草豆放入鍋中去煮。
3 將黑巧克力放入鍋中，邊煮邊使用打蛋器攪拌。
4 煮好後倒入馬克杯中，若是再加點鮮奶油也不錯喔！

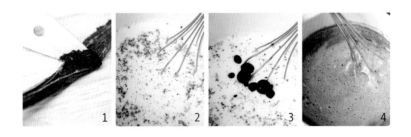

Amy's Tip

想要來杯苦中帶甜的熱巧克力嗎？
在熱巧克力上加些鮮奶油，不攪拌就直接飲用，滑順的口感格外迷人。如果想要來杯苦中帶甜的熱巧克力，可以在熱巧克力上加5g的可可膏、可可粉或肉桂粉就OK了！

巧克力濃縮咖啡
Choco Espresso

來自義大利杜林的傳統飲料——Bicerin，是以相同比例的濃縮咖啡、牛奶和巧克力製作而成。Amy以Bicerin的作法所做出來的巧克力濃縮咖啡，特色在於加入更多的牛奶、更濃的巧克力，融合特有的咖啡香和牛奶滑順的口感。

工具 傳統打蛋器

材料

黑巧克力40g、牛奶20ml、濃縮咖啡60ml、巧克力碎片及打發的牛奶泡少許

1 將巧克力和牛奶隔水加熱。
2 將牛奶巧克力倒入玻璃杯中。
3 以傳統打蛋器將稍微加溫的牛奶打出細緻的泡沫，放在牛奶巧克力杯上。
4 將濃縮咖啡加入玻璃杯中。
5 撒上巧克力碎片做裝飾即成。

Chocolate Recipes

綠茶巧克力棒
Greentea Choco Stick

入口即化的綠茶巧克力棒略帶苦澀，由於添加了白巧克力，所以可享受到比綠茶拿鐵更加濃醇的味道。除了綠茶粉，有時候加些禪食粉（編註：以多種穀類和高營養價值的蔬菜、豆類磨製而成的五穀雜糧粉）或芝麻粉也很適合。味道清新不甜膩，還可以利用牛奶調整甜度是這道料理的特色。

工具 木湯匙 4 只、小杯子 4 個、擠花袋
材料（完成份量：4 個）
白巧克力 200g、綠茶粉（抹茶粉）10g、牛奶 150ml

1 在調溫後的白巧克力中加入綠茶粉攪拌。
2 將拌好綠茶粉的白巧克力放進擠花袋中，接著擠入小杯子裏面。
3 待巧克力表面稍為開始凝固，就可將木湯匙插入，等待完全凝固。
4 在熱呼呼的牛奶中放入綠茶巧克力棒攪拌，就完成一杯綠茶拿鐵了；另外，還可以利用牛奶調整甜度。

Amy's Tip

加入禪食粉或芝麻粉也OK！
除了綠茶粉，有時加入一些禪食粉或芝麻粉，可讓綠茶巧克力棒的風味更佳！
早餐的時候可選擇喝一杯採用綠茶巧克力做成的拿鐵，不僅有飽足感，對健康也很好；要是家裏突然有客人來，這也是相當適合用來招待客人的小東西喔！

巧克力慕斯
Choco Mousse

慕斯（Mousse）這個法文字代表「泡沫」的意思，用來指呈現綿密且冰涼狀態的奶油甜點。Mousse需要冷藏；如果冷凍的話，就會變成冰淇淋。
這種手工巧克力獨一無二的濃郁香氣，是市售產品無辦法體驗到的。

工具 **打蛋器、冰淇淋杓**
材料
牛奶100ml、黑巧克力150g、糖35g、蛋黃3顆、鮮奶油25g

1 牛奶倒入鍋中煮沸，加入黑巧克力，用打蛋器攪拌。
2 將糖和蛋黃放入碗中，用打蛋器攪拌至變成象牙白色為止。
3 將拌好的蛋黃放進加了巧克力的牛奶鍋中，使用木杓攪拌煮沸，煮到變濃稠，鍋底稍微有點黏的時候就可將火關掉，放涼。
4 等到完全冷卻後，就可加入打發的鮮奶油，輕輕攪拌。
5 裝進容器中，收入冷凍室，每隔2個小時就取出，以杓子攪拌，重複2～3次左右，就會變成口感綿密的冰淇淋。若是冷藏，就是巧克力慕斯了。

草莓巧克力鍋
Strawberry Fondue

為了度過漫長的冬天，瑞士人必須想辦法讓乾癟得硬邦邦的麵包重生，因此他們想到將起士放入鍋中加熱融化，再沾麵包來吃，這就是fondue的由來。輕鬆做出一次可以同時享受到水果和巧克力的草莓巧克力鍋，這道外型搶眼的甜點，絕對是用來招待客人的不二選擇。

工具 **擠花袋**
材料
黑巧克力及白巧克力適量、草莓少許

1 先將黑巧克力調溫，接著將草莓的80%浸入巧克力中進行浸覆。
2 利用同樣的方法，使用白巧克力進行浸覆。
3 靜待浸覆後的巧克力完全凝固。
4 將黑巧克力和白巧克力放進擠花袋裏，對浸覆過巧克力的草莓稍做裝飾即成。

Amy's Tip

獨一無二的巧克力鍋
將100g的黑巧克力、40g的鮮奶油、20ml的牛奶隔水加熱融化，做出巧克力鍋，然後依各人口味選擇自己喜歡的草莓、香蕉、年糕、麵包、餅乾等，沾巧克力鍋吃，絕對是種頂級的味覺享受，同時也是能讓客人留下深刻的印象，這是一道獨一無二的甜點。

PART 4

Chocolate Café Guide

一窺我專屬的甜蜜奢侈
巧克力咖啡館

「誰都會融化巧克力，做出巧克力夾心，但是要做到
讓人將巧克力放入口中的時候，也可以把對方的心融
化，帶給對方一份無與倫比的幸福瞬間，就不是人人
都能做到的。」

誠如這位巧克力製作師所說的，有些人努力想要透過
一塊小小的巧克力，帶給人們大大的感動。目前巧克
力咖啡館的數量還是比一般的咖啡館來得少，接下來
就讓我為大家帶路，介紹大家認識一些巧克力咖啡
館，帶領大家體驗各式各樣濃純香的巧克力。

Amy Choco

address/ 首爾市江南區新沙洞512-8一樓
telephone/ 02-733-5509
opening time/ 11：00～23：00
homepage/ www.amychoco.com

※編註：Amy Choco搬家了，地址改為524-18

如《小婦人》故事中的老么般可愛的咖啡館＆小空間—Amy Choco
不亞於巴黎瑪黑區的首爾新沙洞林蔭道，有一家坐落於角落小巧可愛的咖啡館，讓主修工藝
學的巧克力製作師，帶您領略巧克力的無限魅力。

若是一眼望穿新沙洞的林蔭道，根本就無須羨慕巴黎的瑪黑區或是紐約的甘斯渥爾特街。到底是什麼樣的魅力讓這麼多人想要到新沙洞這裏來，除了它每天晚上像座不夜城之外，只要一到週末，就會有許多年輕人蜂擁而至，手握單眼相機到這裏來朝聖。

　　雖然有人說現在的新沙洞已經沒有以前那麼熱鬧了，但是以林蔭道為中心往兩旁發展的小巷弄，不對，甚至應該說往兩旁發展的小巷弄之後，再繼續發展下去的小巷弄，也都漸漸地變得琳瑯滿目了。而Amy Choco就正好位在林蔭道和地鐵新沙站的中間。

「因為林蔭道的租金太高的關係啦！」

巧克力製作師曹美愛從2005年開始學習製作巧克力，從小在釜山長大的她，大學時期的主修是工藝學，在因緣際會之下來到首爾，接觸到巧克力之後，便有了開咖啡館的夢想。

　　曹美愛從2008年開始便將住所的客廳改成兼工作室，用來製作巧克力，並透過部落格開始販售一些巧克力。隨著訂單數量的增加，客廳索性就成了真正的工作室了。

夾層屋的一樓是咖啡館，二樓是工作室

「2009年的情人節，因為有10組以上的人要來上課，我就覺得必須擴大空間才行了，想說乾脆就直接找個可以兼開咖啡館的好地方，於是就和當時的男朋友，也就是現在的老公，一起穿著運動鞋踏遍了弘大、三清洞、狎鷗亭洞、方背洞等，走到鞋底都要磨穿了，才找到這裏，覺得這個地方比其他地方更合意，所以一看到就馬上決定是這裏了。」

她對這個地方一見鍾情，店就在2009年9月開張。這是一間夾層屋，當時她不知道因為挑高的關係，夏天的冷氣費用和冬天的暖氣費用開支會相當龐大，幸虧房子的機能性很好，一樓的空間是可以讓客人舒服休息的咖啡館，二樓的空間則搖身一變成為製作巧克力的工作室。

Amy Choco是曹美愛從自己家裏出發，找到的第一個小地方，也是她傾注所有熱情的新天地。為了壓低成本，於是找了美術大學畢業的朋友幫忙做室內設計，還有坐墊、玩偶、杯墊等，至於一些針織品都是她親自從東大門市場買布回來自己動手做的（但是看起來卻相當有質感喔！），或許正是因為沒有經過專家之手，這地方反而顯得格外溫馨與舒服。

她從一大早開始就在這裏製作巧克力，客人來這裏除了可以買到巧克力飲料之外，週末的時候還可以參加巧克力課程。

每天從清晨就開始製作直到隔天半夜的巧克力。
大家都覺得巧克力是一種名牌，是高級消費品，
但是在這裏它的價格卻出乎意料地平易近人。

這裏有一日體驗班、興趣班、專業班等多樣化的課程供大家選擇。

Price

巧克力2,000韓圜／個，巧克力餅1,000韓圜，橙皮巧克力3,500韓圜、綠茶牛奶巧克力3,000韓圜，巧克力酥餅1,500韓圜（三入），Amy Choco（可可含量75%的可可飲料）5,000韓圜，摩卡咖啡5,500韓圜，可可濃縮咖啡5,000韓圜，可可提拉米蘇5,000韓圜，薑汁巧克力5,500韓圜，黑豆白巧克力5,800韓圜，可可紅茶5,800韓圜。

Chocolate Café Guide

因為一小塊巧克力而感到幸福的人們

「現在大部分新開的手工巧克力咖啡館都不是用可可粉，而是直接將巧克力融化做成熱巧克力。我也是這麼做，這麼做和用可可粉沖泡出來的味道真的差很多。在我們店裏最受歡迎的是可可濃縮咖啡，這種飲料可以讓客人一次享受到新鮮牛奶泡沫、巧克力和濃縮咖啡。將滑順香甜，加上苦中帶甜的口感，全部裝在一個杯子裏，很不錯吧？」

雖然在午餐時間之前，客人比較少，但是她每天都從早上九點就開始製作巧克力直到第二天天的凌晨時分。2,000韓圜的價格其實已經可以喝到一杯咖啡了，也因此曹美愛對只為了一小塊巧克力融化在口中而來的客人滿懷感激之心。即使曾經為成本的問題苦惱過，但是為了讓更多人能夠嘗到巧克力的美好滋味，她盡可能地將價格壓低，原因就在於不想讓大家覺得巧克力是一種名牌，是高級消費品。為了保持求新的態度，每年最繁忙的季節告一段落之後，她就會展開一趟嶄新的巧克力之旅。

參與電影《注文津》演出的演員黃寶羅
是Amy Choco的老主顧，
偶爾也會到店裏來親手製作巧克力。

Chocolate Café Guide

This is...

韓星李炳憲在這裏接受訪談而聞名

Amy Choco挑高的設計給人一種愜意、時尚的感覺，所以有
許多明星選擇在Amy Choco接受訪談，Amy Choco因此而聞
名，店裏的牆上貼有許多藝人的照片，其中以韓星李炳憲
最具代表性。

他在拍攝電影《看見惡魔》那段期間，曾經來過這裏，相
當中意店裏的可可濃縮咖啡，此後就常會到店裏來。消息

一出，不少李炳憲的日本影迷到首爾都會走訪Amy Choco，有一個影迷甚至特地到店
裏訂製李炳憲在韓劇《特務情人IRIS》劇中的造型手工巧克力。

與女兒一起聆聽巧克力講座的金芝荷

經常在手提包中放巧克力的電視演員金芝荷，自稱是個巧克力成癮者。會做菜，手藝
相當出名的她，在情人節前夕和女兒一起來到Amy Choco。從她努力製作草莓巧克力
的模樣，可以看出她心繫家人的情意。（草莓巧克力的食譜請參考第76頁）。

Café Opening Guide

曹美愛傳授
巧克力開店準備祕笈

千篇一律的巧克力店相當令人反胃吧？即使只是一個小小的空間，也想要表現出「我獨特的個性」、「屬於我的風格」這樣一家店！那麼就好好洗耳恭聽Amy Choco老闆曹美愛的建議，這是她一路走來，經過跌跌撞撞之後，體悟出的寶貴創業經驗不藏私大公開，她的經驗談也許不是百分之百正確，至少可以讓大家不必多走冤枉路，抄點捷徑，直接抵達目的地。

Q：創立巧克力咖啡館的契機？

A：從小在釜山長大的我，大學時期主修漆工藝，畢業之後在首爾的工作室從事油漆相關工作，雖然很有趣，但是經常沾得滿身都是油漆，相當辛苦。有一天，突然覺得應該重新思考未來的方向，就暫時休息了一段時間。

在一次偶然的機會下，從網路上看到韓國國內第一位巧克力製作師（在此之前，韓國雖然有製作巧克力的人，但是大部分都認為巧克力屬於烘焙的一部分，並沒有專門製作巧克力的人）金成美（音譯）老師的巧克力作品。以前，我都覺得超市買來的巧克力就很好吃了，那還是我第一次看到有人稱巧克力為「作品」，而且還如此漂亮、精緻，於是立刻報名參加金成美老師的工作室──Pas de deux。那時候，我雖然認真聽課，上完16週的專業課程，心裏其實覺得做巧克力和自己在校的主修並沒有太大的差別，只不過材料從油漆變成巧克力而已。

上完課之後，並不是立刻就可以有什麼作為，畢竟自己身上沒什麼錢，所以為了繼續鑽研巧克力，我訂下將來到歐洲進修的目標，利用3年的時間好好賺錢。後來，遇到Pas de deux剛好有助教的空缺，我就一邊當正職的助理，一邊複習過去所學。

到了第二年的情人節和白色情人節季（我們也稱這兩個月為巧克力季），因為訂單太多，在工作室人手不足的情況下，我不僅一起跟著製作巧克力，也到百貨公司送過貨，還做了4個月左右的售貨員，在巧克力季結束之後，我開始擔任正職講師一職。

在工作室待滿3年之後，我按照自己的計畫搭上飛往歐洲的班機。由於歐洲也沒有只教授做巧克力的學校，所以我走遍歐洲，展開一趟巧克力之旅。當初之所以離開工作，並不是因為沒有東西可以學了，而是因為我想要的不是老師的食譜，而是屬於我個人品牌的食譜。在韓國，巧克力的市場規模還很小，所以我覺得應該趕緊著手準備才行。

旅程結束之後，我馬上就在三清洞找了一間小型工作室，也架設了部落格記錄我製作巧克力的過程；在教授巧克力和網路上販賣巧克力雙管齊下，透過口耳相傳，學生人數漸漸增加，於是我下定決心開一家巧克力咖啡館。弘大、大學路、江南一帶，只要是人潮聚集的地方，我穿著運動鞋幾乎都踏遍了，最後找到這間夾層屋最合我的意，就這樣決定在林蔭道旁的小巷弄中落腳了。

Q：開設巧克力咖啡館需要學會的事情？

A：其實我也不知道怎麼走到現在這一步的……因為對巧克力著迷而開始學做巧克力，在因緣際會下成為巧克力製作講師，又在另一個因緣際會下做了百貨公司的銷售員，當年在百貨公司賣巧克力的時候，朋友們都說：「妳真的有必要把自己搞成這樣嗎？」雖然聽了心裏很難過，但是現在回想起來反而覺得那是很寶貴的經驗。那個時候，很少人願意花2,000韓圜買一塊巧克力吃，一方面是覺得價格太貴了，另一方面也會拿來和超市賣的巧克力做比較。

然而，也因此在百貨公司看到客人滿臉歡喜選購巧克力，只為了幾個小小的巧克力而感到幸福，我開始想：這不就是韓國巧克力市場的潛力嗎？二十幾歲的年輕人和四十幾歲的中年人，大人和小孩喜歡的巧克力都不一樣，我就在那樣的環境下學會去思考「嗯，如果這樣做的話，應該可以賣得更好」。

Q：幫巧克力咖啡館做宣傳最傷腦筋的部分？

A：我是為了記錄自己製作的巧克力，保存巧克力的資訊，才有了自己的部落格，並不是什麼商業行銷手法，只為了刊登Amy Choco販售的巧克力資訊和價格，或是透過這些一點一點地累積情報和故事做宣傳，進而招攬更多客人上門等，才架設這個部落格的。實實在在地做紀錄而不間斷，反而變成資料的集結和一種宣傳方式，這樣其實不是在幫Amy Choco做宣傳，而是在幫巧克力做宣傳吧？

初期創業費用

保證金 2,000萬韓圜
權利金 無
室內裝潢
3,000～4,000萬韓圜(包括桌椅)
家具1,500萬韓圜(咖啡機、冰箱、工作臺、烤箱等)
其他雜支
1,000萬韓圜(投影幕等)

合計 8,500萬韓圜

要靠巧克力賺大錢是很難的，就是因為深諳這個事實，所以打從一開始就沒有什麼野心，所以偶爾會和想來聽課的朋友聊一聊之後，要他們先嘗一嘗巧克力的味道再說，或者介紹他們到其他的工作室去。雖然沒有在宣傳上面特別費什麼苦心，但是當機會找上門的時候，我都會費盡心思努力去完成！周圍有人需要巧克力的話，我會盡我所能去製作巧克力；在課程方面，我把上課人數控制在3個人以下。

如果製作巧克力的時候全心全意投入，大家嘗過這樣的味道之後，就會自動再找上門，我還有一個原則，萬一我自己吃過覺得不好吃的巧克力，絕對不會出現在店裏販售。咖啡館周邊有許多設計公司。我們的午餐費用大多在5,000韓圜上下，美式咖啡3,000韓圜、巧克力飲料4,000韓圜、一顆巧克力2,000韓圜。咖啡到處都喝得倒，可是手工巧克力還不是舉目到處可見的甜點，所以還是有許多客人特地花了很大的工夫找上門來捧場。巧克力，還是有讓人無法自拔的魅力吧！

Q：你們和其他巧克力咖啡館有什麼差別？
A：客人覺得可以一眼看穿巧克力工作室是件出乎意料之外的新鮮事；店裏沒有像工廠裏那種偌大的機器，也沒有什麼特殊的道具，總是令客人們覺得很驚訝。

特別要注意的地方！
—要牢記，室內裝潢的費用在開店之後還會一直增加的。
—親自動手製作小東西（抱枕、餐具墊、天花板裝飾等）不但可以降低成本，還可以凸顯自己獨有的特色，有一石二鳥的效果。
—就算房子結構很滿意，也不要衝動下決定，記得要衡量一下冷、暖氣的費用。
—室內裝潢可以做最大限度的節省，製作巧克力則是要選購最高級的材料。

這裏不是可以大量生產巧克力的地方，相反地，這裏製作的是少量卻多樣化巧克力，製作的份量是在平日就可以將巧克力全數賣完。和附近居民氣味相投的亮眼裝潢和氛圍，提供大家各種服務，像是單純的巧克力，或是以巧克力為主所做成巧克力蛋糕捲、布朗尼等，適度調整菜單……希望能將我們努力前進的樣貌展現給大家。

如果說開這家咖啡館有什麼失敗的地方，大概就是工作室比咖啡館小太多了，因為我想要的其實不是在咖啡館裏販售巧克力，而是在巧克力店裏賣咖啡，所以我在考慮是不是應該再換個地點。

Q：有什麼建議給想要開巧克力咖啡館的人呢？

A：有很多人問：「如何光靠賣咖啡和巧克力就撐得下去呢？」要知道100公克的材料製作不出100公克的巧克力，而且只要一個不小心，常常會出現失敗的巧克力作品，所以基本的材料費支出是絕對跑不掉的。以我個人而言，先前累積很多的練習和販賣的經驗，對經營巧克力咖啡館相當有幫助。本來以為大概只要完成16週的專業課程之後就差不多可以開設工作室了；結果不然，要試著去體驗所有跟巧克力有關的經驗，遭遇挫折，才是最好的。走了幾次冤枉路之後，我發現自己運氣其實還算不錯。

還有一點，只有堅持才能存活。巧克力在韓國還只是情人節、白色情人節、聖誕節才會吃的節慶限定食品，雖然這樣的風氣稍微有在改變，重點是不要只有我的生意變好，要讓整體的巧克力市場活絡起來。我看過很多人因為熬不過夏天的淡季就半途而廢了。如果是一個製作巧克力的人，平常就要對巧克力文化有更深一層的共鳴才行——無論是隨著季節的轉換改變巧克力的風格，或是加入屬於自己個性的元素——再開設巧克力咖啡館會是比較好的選擇。

開店過程

2005年
報名Pas de deux,
完成16週專業課程。

↓

2006上半年
身兼Pas de deux助教
和百貨公司售貨員

↓

2006下半年
正式升為Pas de deux的講師

↓

2008年
前往歐洲展開巧克力之旅

↓

2008年秋天
位於三清洞的Amy Choco
工作室開張

↓

2009年夏初
物色咖啡館地點、簽約

↓

2009年夏天
製作菜單、室內裝潢

↓

2009年9月
位於新沙洞的Amy Choco
咖啡館&工作室開張

Läderach

address/ 首爾市中區太平路一街84首爾金融中心地下一樓
telephone/ 02-3789-3245
opening time/ 08：00～23：00
（星期六12：30～23：00，星期日、國定假日 12：30～21：00）
homepage/ www.laderach.co.kr

甜滋滋的瑞士巧克力—Läderach
就算只是用眼睛欣賞擺放在櫥櫃的巧克力,都像是新婚夫婦在挑選寶石般令人雀躍不已的地
方。到了Läderach就像到了巧克力王國一樣,在這裏可以享用到瑞士最頂級的巧克力。

隨著時間的流逝，地球一點一點地變得乾涸，不過瑞士的酪農業和手錶產業發達，依舊無人不知，無人不曉。雖然拜出國旅行伴手禮第一名的Godiva所賜，只要一提到「巧克力」，一般人腦海裏最先浮現的是比利時，其實瑞士才是真正街頭巷尾到處都是大大小小的巧克力店，像螢火蟲一樣絢爛耀眼。

能夠想像Läderach的味道嗎？它是瑞士人以細膩的手完成的巧克力，不妨想想製作出精巧手錶的瑞士工匠，你就能明白了。

1926年在瑞士的Nestal有一家烘焙坊開張，賣的是叫Rudolf Läderach家傳巧克力，這種巧克力究竟有多特別，可以讓一個父親自信地將它傳給第二代，在這80多年來，Läderach成為頂級手工巧克力的品牌保證？

嚴格挑選可可豆和選用阿爾卑斯山的鮮奶，加上用了連媳婦都不傳的祕方，做出來的巧克力怎麼可能會不好吃呢？因此，歐洲、美國、日本等各大城市的飯店從很久以前就開始賣這種巧克力。

當初，多虧進口各種瑞士巧克力和甜點的QULEE老闆，一吃到Läderach的巧克力就驚為天人地說：「就是這個味道！」，於是將Läderach巧克力進口到韓國。

從瑞士工匠細膩的手中誕生的巧克力

Läderach位於首爾金融中心的地下一樓。早上出沒的是打扮整齊的上班族，在此悠閒地享用咖啡，中午一到，客人卻川流不息。

「本來我們只是為了做市場調查，想要找一家巧克力咖啡館，找來找去，無論是味道、技術或多樣性，幾乎找不到一家店合心意，曾經在巧克力業界待過相當多年的老闆，嘴可是相當挑剔的。老闆說：『我要讓大家知道什麼是巧克力真正的味道』，於是開始著手準備，最後接到首爾金融中心的通知，才決定來這裏開店。」

這番話出自Läderach的主任吳慶美（音譯），她還兼巧克力飲料的開發（將巧克力進口到韓國，然後在店裏製作飲料和蛋糕）。

一個一個像藝術作品的巧克力。
透過巧克力製作師的巧手製作而成，等待著屬於它們的主人。

玻璃箱裏的手工巧克力引來矚目

位於首爾金融中心的餐廳大都以此區的風格為豪，這裏融合了現代感的建築與友善的環境；一大早開始，閃閃發亮的地板和亮晶晶的桌子，就讓勤奮的上班族心情煥然一新，他們目不轉睛地盯著圓形櫥櫃，樣子就好像新婚夫婦在挑選寶石。

「為了做出那個圓形的櫥櫃，我們甚至跑去看了用來製造飛機的材料。」透明的玻璃箱裏擺著無以數計的巧克力，牢牢抓住消費者的目光。在巧克力之中加入各式各樣材料的巧克力杯；加入甘納許讓口感變得濃烈而滑順的松露巧克力；按照馬達加斯加、厄瓜多、千里達、多明尼加等不同產地去分類，讓消費者可以品嘗到原始風味的Grand cru；生巧克力添加了經過充分翻炒的堅果；還有交頭接耳在討論的天使和兔子造型巧克力……

飲料呢？將巧克力直接加熱融化，淋上鮮奶油做成的瑞士經典巧克力；加入帶有委內瑞拉和格瑞那達風味黑巧克力的純原味黑巧克力；添加柳橙和木莓的飲料……，要是不怕會變胖的話，這樣的菜單真的會讓人想多喝幾杯。

在飲料或蛋糕中使用加工的可可粉　NO!

「我們不在飲料或蛋糕中加入蛋糕粉（加工的可可粉），菜單上的所有料理都是手工製，飲料上的奶油當然也不是加工產品，而是使用發泡鮮奶油；柳橙巧克力也是使用新鮮柳橙做的，而且還不是預先將料理做好備用，而是在客人點餐之後才動手製作，因此每到午餐時段，每個員工都忙得不可開交。」

一定有人會覺得為什麼要花錢消費這種東西，但是只要你試過喉嚨流過一股暖流的感覺，就會認同她說的這些話。雖然店裏的工作人員每天都忙得焦頭爛額，不過從開店到現在，店裏還沒有換過一個員工，這是他們最自豪的一點。長此以往，從Läderach店員中產生「韓國的巧克力大師」的那一天應該指日可待了。

Special Menu

為減肥中女生特製的無糖巧克力

光是站在門口慢慢地欣賞櫥櫃裏擺設的巧克力，就可以花掉很多的時間了，這家店裏所有的巧克力都是從瑞士空運而來，還有特別為減肥或是需要控制血糖的客人準備的無糖巧克力杯和松露巧克力。

喀滋喀滋香脆的巧克力

在櫥櫃的一角堆著如磚塊般的生巧克力、黑巧克力、牛奶巧克力、白巧克力，裏面添加了花生、開心果、杏仁等堅果或水果，雖然巧克力的味道相同，但是一嚼起來就可以感受到堅果類散發出清新的香氣，絕對是不可錯過的極品。

嘴饞的下午3點，來一份巧克力做的零食

搭配時令水果和巧克力蛋糕一起享用的巧克力鍋；加入榛果醬奶油的甘納許巧克力；添加香蕉的三明治等，各式各樣的美味零食都可以在Läderach看到。

無論是在巧克力當中加入各式各樣情感的巧克力杯，或是稱得上數一數二名牌的Grand cru巧克力，都可以在這裏一次全部品嘗到。

Price

柳橙松露巧克力2,800韓圜，椰子松露巧克力2,500韓圜，牛奶松露巧克力2,000韓圜，生巧克力（杏仁、水果和堅果、木莓和黑莓）9,000韓圜／100g，瑞士經典巧克力5,500韓圜，純原味黑巧克力6,000韓圜，巧克力鍋13,000韓圜，蛋糕4,500韓圜，巧克力香蕉6,500韓圜，巧克力布朗尼3,500韓圜

Mobssie

address/ 首爾市麻浦區西校洞334-16
telephone/ 02-3142-0306
opening time/ 14：00～23：00

「拚死」都要一嘗的美味巧克力蛋糕——Mobssie
光是看著地中海藍天的牆壁色調，就能讓心情煥然一新的地方，只要做好排隊的心理準備，
都可以享受到使用天然材料製作的濃醇巧克力甜點

Chocolate Café Guide

想知道「為什麼非得要這裏等這麼久？」的人；無法理解為什麼要在門口排隊排上10分鐘的人；完全不懂什麼是夢幻可可或手工巧克力的人；超討厭等待的人⋯⋯這些人如果到這裏來說不定會大發雷霆。

如果要在弘大附近選出幾家有話題性的咖啡館，這家店之所以能上榜，絕對是因為客人上門十有九次都要等。如果是老主顧，只要在門外看一眼發現沒有座位，就會知道「20分鐘後再來吧」，然後到附近逛一圈再回來；可是碰上第一次上門又是長途跋涉特地跑來消費的客人，就會在門外氣得直跳腳了。

這家店的招牌有一股濃濃的異國風，相當搶眼，仔細一看，就會發現其實是原汁原味的韓文：「非常」（몹시）。「也沒有什麼特別的原因，就只是覺得這是個常用的辭彙吧！」

這是老闆對「咖啡館為什麼叫Mobssie？」這個疑問的答覆。在店外等候空位的時候，也可以玩一玩用店名造句的遊戲，或許就不會那麼不耐煩了⋯⋯非常想念、非常冷、非常骯髒、非常好吃、非常愛你⋯⋯

曾經從事過電影業工作的老闆，手上沒有什麼巧克力相關的執照，也不曾上過什麼巧克力課程，只是一個美食家。

「大概在10年前吧，突然很想吃巧克力蛋糕，在明洞來來去去走了一大圈，我只是想要吃那種口感扎實、有嚼勁、巧克力味道很濃的蛋糕，可是去了好多家看起來還不錯的麵包店和咖啡館，居然找不到這樣的蛋糕。所以我和女朋友就決定回家自己做來吃算了。我女朋友的廚藝實在太好了。」

Chocolate Café Guide

美食家情侶的小創意

店主說，其實只是因為兩個人都喜歡好吃的巧克力蛋糕，覺得要是可以跟別人分享蛋糕會是一件很開心的事，他們也沒想到這樣微不足道的小小心願，居然會變成一家真正的咖啡館。在廚房裏快樂做料理的女朋友和匆匆在店裏喝杯咖啡又出去的老闆（除了經營咖啡館手上還有其他工作），偶爾還是會在廚房的一隅看見兩人一如往常相親相愛的模樣。

開店沒多久，卻能夠保持門庭若市的原因是什麼呢？歐洲家庭式餐館低調的安穩氛圍，給人乾淨印象的天藍色牆壁也有加分的作用，不過最大的功臣應該還是他們曾經在家做來吃的「現烤巧克力蛋糕」。點餐之後，等上15分鐘左右，在翻面的小馬克杯上撒著滿滿的雪白糖粉就可以上桌了。用湯匙在中間用力一壓，濃濃的巧克力醬就會汩汩流出，那股濃郁的味道會讓耳朵也跟著隱隱發燙。

「巧克力就是要熱熱吃更好吃，為了要留住最好吃的那個瞬間，我們不會先烤起來放，要在客人點餐之後才開始烤。」

巧克力遇上起司就變成起司巧克力蛋糕，加了西洋梨就變成西洋梨巧克力蛋糕；可可風味的經典巧克力蛋糕；在熱巧克力裏加入冰淇淋，一口可以同時吃到冰淇淋和熱巧克力，這些都是店裏屹立不搖的人氣商品；把咖啡裝進大碗裏的份量足足夠三個淑女一塊品嘗的香醇咖啡，是老闆相當自豪的招牌。

Price

現烤巧克力蛋糕4,500韓圜,西洋梨巧克力蛋糕5,000韓圜,經典巧克力蛋糕4,300韓圜,起司巧克力蛋糕5,000韓圜,熱巧克力5,500韓圜,Mobssie濃烈巧克力6,000韓圜,冰淇淋和熱巧克力6,500韓圜,Mobssie咖啡4,500韓圜,濃縮咖啡4,500韓圜,牛奶咖啡5,000韓圜,冰淇淋咖啡5,500韓圜

雖然沒有巧克力杯、松露巧克力等商品,但是在Mobssie的紅色菜單板上還是滿布著巧克力甜點。由於店裏的空間比較小,所以只要豎起耳朵,就可以把隔壁桌客人的戀愛史聽得一清二楚。想上廁所的話,還得拿著鑰匙到外面去,雖然有點麻煩,但是等了好久才進到店裏的客人,毫不懷疑老闆的誠意。

「其實,我也常常覺得驚訝,想不到有這麼多人想要品嘗我們店裏的甜點,偶爾也有人問『不覺得很辛苦嗎?』可能是因為我們沒有什麼野心吧,所以也不覺得太累。如果是有東西想要與大家分享而想到要開店,應該不會覺得苦;如果情況相反,先開了店,才開始找東西給大家吃,才會覺得辛苦吧?我呢,就是把自己以前吃過的,現在還在吃的東西,原原本本賣給客人,因為是把自己吃過覺得好吃的東西賣給客人,客人似乎都能夠體會到我這份心意。」

This is...

硬是要下一個定義的話,那就是巧克力甜點咖啡館

好奇這裏一整天用掉的巧克力份量有多少嗎?從各種巧克力蛋糕和巧克力飲料的味道如此濃郁來看,很難不聯想到這個問題吧?如果是在減肥的人,進到店裏之前,最好還是先深呼吸一下吧!

份量像洗臉盆般大的咖啡

Mobssie的店裏選用來自衣索比亞的耶加雪菲咖啡豆,苦味比較淡,還有一股番薯和花的香氣是其特色,因此咖啡的名氣僅次於現烤的巧克力蛋糕。很多人會好奇問:「這個杯子要去哪裏買」?原因在於店裏的咖啡杯大小跟一張人臉差不多。

蘊含主人真心的餐點板

「冰淇淋和蛋糕全都是親手做的,其他的東西我們也想盡可能親手製作。雖然我們也會使用香料(巧克力香、香草香、起司香、牛奶香、奶油香、焦糖香等)、食用色素,這些都是經過合格認證,但是可能的話,我們還是盡量不添加,只使用天然材料製作出色、香、味。」這是老闆寫在餐點板下方的文字,這就是真心吧!

Lucycato

address/ 首爾市西大門區大峴洞60-9
telephone/ 02-362-0050
opening time/ 08：00〜23：00（年中無休）
homepage/ www.lucycato.co.kr

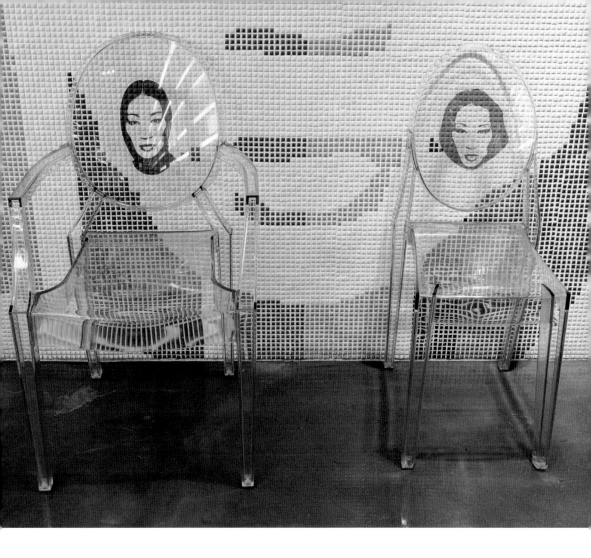

從鑽石星球送來的一顆寶石──Lucycato
以年輕（young）、性感（sexy）和愛（love）為概念而成立的咖啡館，有興趣的話可以順便去
看看一次只能容納6個人的特色巧克力屋喔！

lucycato

lucycato
cafe de chocolatier

cato

Order He

초콜릿룸의 일정한 온도 유지를 위해
한 번에 여섯분 이하의 고객님을 모십니다

lucycato

可以在同一條街上完成「逛逛街，吃吃飯，做做頭髮，喝喝茶」，梨大正門就是這樣的區，新穎、潮流的店家如雨後春筍般出現在這裏，2009年9月Lucycato也在這裏正式開張。

以年輕、性感和愛為概念而成立的這家店，店家以店裏一樓、二樓各有45坪的寬敞空間自豪，更不用說一般人想得到的點心大部分都可以在這裏看到。

手工巧克力、同時滿足視覺與味覺雙重享受的炫麗蛋糕、圓滾滾的冰淇淋、咖啡和巧克力飲料、比利時鬆餅……等。

「Lucycato是Lucy和Cato的合稱；Lucy是位在半人馬座的白矮星，有鑽石之稱，Cato則是出自小提琴的跳弓演奏（Spiccato）。兩個字合起來Lucycato，意思就是從鑽石星球送來的一顆寶石。」文德基（音譯）次長說道。

不需多做解釋，所謂的寶石正是巧克力。

一次只能容納6個人的清涼巧克力屋

如果是為手工巧克力慕名而來的人，可不要因為在菜單上看不到它就大失所望喔！往後走一點，就可以看見露出藍光的暗房，那就是巧克力屋。

這個房間一整年的溫度都維持在攝氏17～18度左右，這是最適合製作巧克力的溫度，裏面有專業的巧克力製作師（曾在SBS《生活達人》節目中出現過的知名人士）製作巧克力，他所製作的手工巧克力就像奧運開幕典禮上的樂儀隊般，整齊劃一。令人印象最深刻的是貼在巧克力屋門上的牌子：「一次只能容納6個人」。

「冬天的時候是比較沒關係，如果是在春天或夏天的時候，一次進來太多人，房內的溫度就會跟著上升，由於巧克力對溫度很敏感，即使溫度只上升一點點，也會讓巧克力變質，所以才會限制一次只能進去6個人。在這個房間裏做出來的巧克力可以保存一個月，如果過了最佳賞味期還沒有賣出去，雖然丟了有點可惜，我們就會把這些巧克力丟掉。」

在Lucycato，有項鍊和戒指與巧克力的組合包，這是店方特地為不知該如何向女生求婚的男性準備的，裏面可不是玩具項鍊，而是14K銀的寶石項鍊，收到這份禮物的女生，不用懷疑它的真偽。

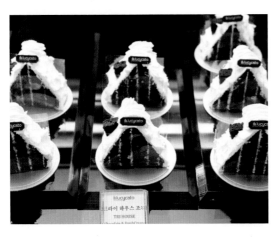

在Lucycato，
蛋糕是由糕點師傅製作，
咖啡則是由咖啡師調製。

除了巧克力之外，Lucycato所有的餐點都是「專家」製作的；巧克力是由巧克力師製作的，蛋糕和冰淇淋是糕點師每天一大早做的，在拿鐵咖啡上拉花的則是咖啡師。

「因為要學的東西實在太多了，所以我們這裏沒辦法雇用工讀生，在這裏的每一個人都是正職員工。」不知道是不是這個原因，Lucycato不僅巧克力受歡迎，美味的蛋糕和咖啡也受到大家的喜愛。這裏似乎將二十幾歲和三十幾歲的人所喜歡的飲食文化全都集合在一起了。

晚上9點以後可以享受到蛋 6折優惠的Happy Hour

這裏用的咖啡原豆都是每天早上翻炒的，絕不使用放了超過一星期的原豆，因為咖啡最香濃的期限正是翻炒過的7天內。

「就算還沒有超過有效期限，只要是超過一個禮拜的原豆，我們都會拿來再利用，當菸灰缸之類的。」

那麼蛋糕呢？巧克力師和糕點師都是在飯店累積了相當久的經驗，所以在選擇材料方面花了相當大的工夫，他們堅持不新鮮的材料就不能進廚房，還有不賣隔夜蛋糕的原則，因此就有了「Happy Hour」的點子，所有的蛋糕在晚上9點以後都用6折廉價出售，有不少消費者反而特別選在這個時段才上門消費。

「製作巧克力或蛋糕的人都很清楚材料的成本有多高，但是他們不會為了壓低成本就放棄用上好的材料，一開始，客人反應說我們的提拉米蘇蛋糕味道很淡，那是因為我們選用比一般起司還要貴2.5倍的馬斯卡彭起司和費城起司攪拌後去做的，味道當然會和以前所吃過的不同囉！話說回來，結果那位客人現在已經變成我們店裏的常客了。」

消費者很快就了解這種蛋糕有多難得，如果到了晚上才想到去百貨公司（現代百貨公司的新村分店、貿易分店，新世紀百貨公司的明洞分店、江南分店等）訂Lucycato的蛋糕，恐怕連蛋糕的影子都看不到。

「去年聖誕節的時候，我們總共做了6,000個蛋糕。」

這是Lucycato進駐百貨公司之後才6個月就達成的業績。抱著像在處理寶石一樣的態度所做出的食物，似乎得到相對的好評。

This is...

各式各樣數也數不完的菜單

經由巧克力製作師的巧手所製作出來的手工巧克力、糕點師每天一大早做的蛋糕、使用新鮮水果製成的冰淇淋、飽足感十足的比利時鬆餅、利用剛翻炒過的原豆沖泡出的新鮮咖啡，再加上使用真正的巧克力去加熱融化，而不是用巧克力粉或糖漿調配出的巧克力飲料……，菜單上多樣化的選擇，讓人覺得好似一整天的飲食都可以在這裏輕鬆解決掉。

由懷舊風餐桌和菲利浦史塔克(Philippe Starck)設計的椅子構建的空間

大部分的客人會在一樓點餐之後走上二樓。令人印象深刻的牆壁、粉紅色與紅色配搭而成的懷舊風餐桌、世界聞名的義大利設計師菲利浦史塔克的精靈椅（Louis Ghost Chair）等，利用這些所構建出來寬敞而新潮的空間，相當引人注目。

全年都維持在攝氏17～18度的巧克力屋

Lucycato擁有一間全年都維持在攝氏17～18度的巧克力屋。無論巧克力是用多好的材料，花多大的心意製成的，如果沒有好好保存，只會落得壞掉的下場。為了纖細而敏感的巧克力特別設計的巧克力屋，限制一次只能容納6個人進入，從這點就能感受到Lucycato對巧克力的細膩心思。

Price

巧克力杯和松露巧克力2,000~2,500韓圜／個，巧克力板3,500韓圜，Lucycato低卡可可
（45％）5,500韓圜，Lucycato濃可可（75％）6,000韓圜，白摩卡6,500韓圜，美式咖啡2,800
韓圜，拿鐵4,500韓圜，阿法奇朵5,000韓圜，柳橙飲5,500韓圜，巧克力蛋糕4,900韓圜，草莓
塔4,500韓圜，莓果乳酪蛋糕4,900韓圜，錫蘭珍珠蛋糕5,500韓圜，提拉米蘇5,500韓圜

Chocolatyum

address/ 首爾市麻浦區西校洞358-125
telephone/ 02-337-1027
opening time/ 11：00～24：00（假日到02：00）
homepage/ www.chocoyum.co.kr

讓人聯想到《糖果屋》的童話咖啡館──Chocolatyum
光是用眼睛看，嘴角都會不自覺上揚的香甜巧克力甜點聚集地，從一個一個的包裝就可以感
覺到老闆苦惱著「怎樣才可以包得比較漂亮呢？」

只要來到Chocolatyum，體內好像就充滿了減輕痛苦的多巴胺。雖然首爾現在也出現許多像在東京最熱鬧的代官山或新宿街頭的咖啡館，可以巧遇日本明星，但是像Chocolatyum這樣把零食堆滿整面牆的地方卻是少之又少，即使明明已經吃了五花肉、大醬湯配白飯，酒足飯飽之餘還是會覺得應該到這裏來吃點什麼小東西，一頓飯才算真正畫下完美的句點。

事實上，在這裏會聽到大家脫口而出的話不是「好吃！」而是「好美！」。打開躲在白樺樹後的天藍色店門，進到店裏的那一刹那，立刻會有進到小木屋裏的感覺，讓人感到相當溫暖，接著再看到桌上擺了五十餘種的餅乾和三十多種的巧克力，更會忍不住發出讚嘆。

可愛精緻到不行的點心，讓人忍不住好想知道「這是誰做的？」鬈髮媽媽的臉蛋餅乾、泰迪熊巧克力、大小跟小朋友的手一樣的起司蛋糕和布朗尼、指甲片大小的麵包超人餅乾……即使肚子一點都不餓，還是可以在和朋友起了衝突而覺得很難過的時候，或是被壓力逼得喘不過氣的時候，到這裏坐一坐吧！在Chocolatyum，即使只是用眼睛看看這些點心，都會讓人忍不住露出會心的微笑。

向日本師傅學來的巧克力烘焙

這家店的老闆是巧克力製作師金維美（音譯），她在大學時代主修室內設計，所以整間店都是她和朋友一起布置的。店主實在太喜歡吃東西了，尤其是餅乾類，所以在一次因緣際會之下從日本的巧克力製作師那裏學習巧克力烘焙，就這樣成了人生的轉捩點。

「從2002年開始學習製作巧克力，到現在已經做了10年的巧克力了。」

一開始，是因為自己做的巧克力吃不完，累積了一點實力之後，隨著口耳相傳，便開始在網路上販售巧克力，沒想到訂單比預期的來得多，索性以「巧克力咖啡館」為概念，在弘大前面開了店。

「我在那家店只製作巧克力、巧克力飲料和巧克力甜點，雖然地段很好，但是空間太小了，隨著想做的東西越來越多，所以2007年就搬到這裏來了。」

坐落於弘大鬧區，除了必備的巧克力之外，消費者也可以試試沒有添加巧克力的蛋糕和餅乾。

如此可愛精緻的巧克力甜點，讓人忍不住好想知道「這是誰做的？」
和朋友起了衝突覺得很難過的時候，被壓力逼得喘不過氣的時候，
到這裏來坐一坐吧！

「只有18坪大的地方,光是工作人員就多達8個,商品的種類又比較多,加上我又很在意包裝,所以那時候連巧克力課程都停了好一陣子。想說是不是可以把『巧克力咖啡館』變成『賣巧克力的烘焙坊』呢?」

說到包裝的部分,可不是普通的花心思,1,000韓圜的餅乾不但有粉紅色的貼紙,還繫上天藍色的緞帶;所有的蛋糕都放在漂亮的盤子裏,每個盤子下面還墊著花瓣紋路的餐巾。

就是這樣,Chocolatyum的甜點最大的特色就是模樣和味道都像媽媽親手做的一樣。圓型的蛋糕上不只擺一個水果,而是用新鮮的水果鋪滿,鋪到好像快要掉下來似的,用料完全不手軟。鮮奶油和草莓糖漿的厚實也是豐富到無法放更多的程度。提拉米蘇上面同樣也是擺滿了杏仁、花生、核桃等豐富的堅果。核桃蛋塔也放上了比酥脆餅乾使用的份量更多的核桃。

用親切的價格享用到超過100種甜點的菜單

Chocolatyum絕對不會將當天早上製作的蛋糕擺到隔天還在販賣。蛋糕和餅乾有五十多種,巧克力有三十多種,飲料有二十多種……,在這個小小的空間裏,竟然有多達上百種的選擇,即便如此,到現在金維美腦中還有很多想要做的巧克力和餅乾。

「還是像平常一樣苦惱著『該怎麼做才能做得更漂亮?』而不是去煩惱『該怎麼做才可以賺到更多錢?』想要做出精緻的巧克力,需要做足很多的準備工夫,我認為目前的訂價很合宜,就算賺不到錢,但是對我來說有趣比賺錢更重要,所以我會繼續做下去,不會放棄。」

看來,一百多種的甜點以倍數成長的時刻似乎指日可待了。

This is...

味道和價格都讓人驚嘆的烘焙坊咖啡館
每天製作的手工巧克力就不用多説了，每天早上還可以在地下室看到新鮮出爐的各式餅乾和蛋糕，以它大手筆的用料來看，價格可謂出乎意料之外地便宜。一個又一個包裝好的麵包和餅乾大約是1,000到1,500韓圜。

「在學校前面開店，價格只要稍微高一點，大部分客人會咻的一下看完菜單然後就走掉了⋯⋯，即便如此我還是堅持要留在弘大前，原因是這一帶很發展很蓬勃，生氣盎然，只要店裏一推出新餐點，沒有比這裏反應更直接的地方了。」

Chocolatyum也賣杏仁果醬和有機草莓果醬喔！

營業時間在地化,配合弘大的人潮
位在每天晚上都像不夜城的弘大，Chocolatyum的營業時間從上午11點到晚上12點，週末則延長營業到凌晨2點。雖然通宵工作相當累，但是只要一陷入工作的樂趣當中，似乎就沒有多餘的時間去感到疲倦了。

誠意十足的包裝、親切的價格
在巧克力店販賣的巧克力杯或松露巧克力每個價位大約在2,000到2,500韓圜，在這裏只要1,200韓圜。至於餅乾，則幾乎都不超過2,000韓圜。這是一個就算錢包有點緊的時候，也可以進來買一、兩塊巧克力，讓心情煥然一新的好地方。

Price

櫻桃甜酒巧克力棒1,200韓圜，小熊巧克力棒棒糖1,000韓圜，愛心2,000韓圜，櫻桃威士忌巧克力2,000韓圜，黑巧克力3,000韓圜，巧克力布朗尼1,800韓圜，招牌巧克力1,300韓圜，翻糖巧克力4,500韓圜，司康餅1,000韓圜，焦糖香蕉慕絲4,800韓圜，蛋塔1,500韓圜，巧克力舒芙蕾1,800韓圜，巧克力瑪芬2,000韓圜，布丁3,500韓圜，濃醇熱巧克力5,000韓圜，順口熱巧克力5,000韓圜，美式咖啡4,000韓圜。

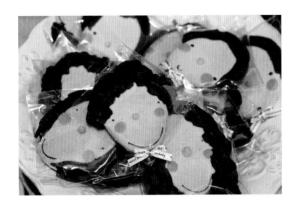

鬆鬆媽媽臉蛋餅乾、完整傳達出製作者心思的蛋糕、
與苦中帶甜的巧克力絕配的咖啡……，
全方位讓感官變幸福的咖啡館。

Jubilee Chocolatier

address/ 首爾市永登浦區汝矣島洞34-12新榮證券B/D分館1F（汝矣島二號店）
telephone/ 02-785-7215
opening time/ 07：00～22：00（週末、國定假日上午9：00～22：00）
homepage/ www.jubileechocolatier.co.kr

韓國最大的巧克力工廠─Jubilee Chocolatier
日出之際，就會蛻變成有如高級酒吧般華麗的地方，這種成熟的魅力誘惑著夜晚有閒的人。

有一次在倫敦搭地鐵的時候，覺得「Jubilee」給人一種相當美麗的語感；倫敦錯綜複雜的地鐵圖，和韓國的地鐵一樣是用顏色區分路線，不知道為什麼在所有的路線當中，唯獨「Jubilee」吸引我的目光。在希伯來文中，Jubilee有「快樂之海」、「祝福之海」的意思。建築大師理查‧麥爾（Richard Meier）在羅馬蓋的教會，不就是取名Jubilee嗎？

汝矣島一號分店、二號分店、譯三分店、大學路分店、Heyri文化藝術村等，Jubilee Chocolatier的老闆像廣開土大王一樣，不斷地拓展據點。比起那種每個巷口到處可見的咖啡館，Jubilee Chocolatier給人的感覺從寬敞、乾淨的室內設計，有條不紊的系統和親切的服務，到五花八門的菜單……，簡單說，就是一個什麼都不缺的地方。

「汝矣島二號分店的空間是所有分店中最寬敞的，所以常常被電視劇或電影的劇組看中，出借場地供拍攝。」

誠如宣傳部經理韓宗希（音譯）所說的，店裏一塵不染，加上剛好可以一眼望穿的空間，是令他們感到相當自豪的特色。桌距相當大，在這裏傾訴祕密，或是三五成羣的上班族聚在這裏講八卦，似乎也是個不錯的選擇，也是上班族續攤的好地方。

可可香誘惑上班族進入的甜美空間

上午7點的汝矣島證券街，上班族腳步匆匆，趕著進辦公室準備開工，這裏的一天比其他地方都還要早開始。早晨的陽光燦爛地灑在上班族身上，陽光沐浴下的他們一個個被Jubilee Chocolateir香甜中略帶苦澀的巧克力味道吸引，被可可的香氣勾引進到店裏。雖然是在匆促之際喝下的飲料，也不同於一般的飲料，因為巧克力濃郁的味道，會在喉間留下些許回甘的氣息。入口即化的手工巧克力口感，勝過清新香甜的水果，也超越冰淇淋的溫和滑順。

白天的金融街是分秒必爭的商業戰場，到了矇矓的夜色瀰漫在咖啡館內的時分，上班族來到這裏為一天拉下平靜的閉幕，交換彼此之間的悄悄話。咖啡館散發出一股成熟的氛圍，有一種高級酒吧的華麗感，揪住想要享受夜晚閒暇的人。早餐、午餐和晚餐，全世界都是以這三個時間點為基準在流動，但是Jubilee Chocolateir好像只存在一個時間，那就是肉眼所無法看見，享受巧克力濃醇香的時間，一個人獨自入迷出神的時間。

在希伯來文中，Jubilee有「快樂之海」、「祝福之海」的意思。
試著送一塊巧克力給你的摯愛，做為快樂祭典的禮物，
成為一個幸福的人，感覺還不錯吧？

來到Jubilee的入口，在淡淡的燈光帶路下，踏進恬靜的空間。使用進口原料製作的名牌手工巧克力，就像寶石一樣閃閃發亮，一個接一個陳列在展示櫃上，看著那些一口就能放進嘴裏的玫瑰、愛心、貝殼形狀等各式精緻的巧克力，眼裏總是閃耀著愉悅和別人無從察覺的讚嘆。

外形像口紅的Jubilee巧克力棒：唇膏巧克力系列，不僅有杏仁和核桃的爽脆口感，還帶有清新的幽香，相當受客人喜愛。濃烈的黑巧克力苦澀味以及鮮奶油般滑順的生巧克力，像是冰淇淋化在口中的溫潤順口。

客人在點巧克力飲料的時候，嘗過試吃的巧克力後，都會立刻將注意力集中到陳列巧克力的展示櫃上。除此之外還有沁涼的冰沙，調味巧克力、經典巧克力等，以及依原產地分類的各式巧克力飲料，可供客人選擇。

出現在《金晶恩的巧克力》節目裏的正是這款巧克力

一個人獨自品嘗Jubilee的巧克力，巧克力放入口中的瞬間就消失得無影無蹤，似乎有點可惜了吧？如果放進一個漂亮的盒子裏，當成禮物，它立刻就搖身一變，成為「愛情靈藥」，甚至會被視為「可以吃的飾品」，因為裝在盒子裏的正是如寶石般耀眼奪目的巧克力啊！

在SBS電視台製作的《金晶恩的巧克力》節目裏出現的Jubilee巧克力，就是用來向心愛的人告白的禮物。畫上對方的名字或是L.O.V.E.的巧克力，或是帶一塊自己最喜歡的巧克力現身的話，就可以送一份「快樂祭典」的禮物給你的摯愛，成為幸福的人，這不是很棒嗎？

This is...

優質烘焙坊和濃濃咖啡香的所在地

這裏就像真正的巧克力咖啡館一樣，能夠吃到平常嘗不到的純正巧克力味道，不過是經過烘焙坊大師之手。使用真正的巧克力製作的巧克力蛋糕，不僅嘗起來順口，且聞起來香甜，讓人在吃巧克力蛋糕的時候，可以嘗到像是真的把黑巧克力放入口中那般濃郁、深邃的味道。選用哥倫比亞產地有機原豆沖泡的Jubilee咖啡，在翻炒後一個月內、開封後一個禮拜內、研磨後一個小時內，提供給客人最原始的美味咖啡。

來一杯羅曼蒂克的酒吧!

Jubilee咖啡館與酒吧一樣，有一種感性的氣氛，來一杯自己喜歡的酒，也是不錯的選擇！紅酒、白酒、香檳等，店裏共有兩百多種的酒提供客人選擇，例如法國的酩悅香檳或是智利的蒙帝斯紅酒等，都是以杯計價。此外，NINA'S TEA或是用5顆柳橙鮮榨的百分百純果汁，也是可以考慮的選項。

深具個人特色的巧克力盒子

經由巧克力製作師的雙手細心鑄成的寶石，能夠向自己的摯愛傳達同樣份量的珍貴心意。選一份自己喜歡的巧克力，裝進一只有特色的盒子裏，做成一份禮盒吧！搭配傳統的法國瑪德蓮小蛋糕等十多種餅乾，就可以送給在你心裏那個人一份世界上獨一無二的禮物了！

Price

唇膏巧克力系列2,800韓圜，咖啡巧克力（Chocolat au cafe）3,500韓圜，杏仁巧克力（Chocolat au almond）3,500韓圜，原味巧克力（可可脂含量36%）4,800韓圜，經典巧克力（可可脂含量73%）5,800韓圜，苦味巧克力（可可脂含量85%）6,800韓圜，濃縮咖啡3,200韓圜，柳橙汁8,000韓圜，巧克力冰沙6,000韓圜，草莓巧克力冰沙6,800韓圜，純巧克力鬆餅8,000韓圜，巧克力12,000韓圜／6個，蛋糕3,500～5,000韓圜／塊。

Jubilee傳授
連鎖巧克力店的開店準備祕笈

人生第一次創業，不懂的地方很多，要準備的東西也很多，如果覺得一個人獨立決定所有的事情壓力很大的話，或許可以考慮直接加盟有名的連鎖店。首先，無論是一般消費者對品牌的認知度，還是教學或宣傳等方面，都可以從總公司那裏得到到豐富的資源，相較於獨力創業，加盟確實可以在一個比較穩定的狀況下開創個人的事業。如果想要選擇通過認證的優良巧克力商品，建立具競爭力的品牌事業，請聚精會神閱讀以下的內容，由巧克力和烘焙品牌Jubilee Chocolatier傳授給大家的加盟創業須知。

Q：加盟Jubilee最需要注意什麼？

A：雖然每個加盟店都差不多，但是最基本的就是資金。首先要做的，就是清楚了解投資總額和確認營運資金。接著就是確定店面，決定要什麼樣的場地，以多大的規模進駐。

解決上述兩個問題之後，接下來就以店長自己對咖啡館事業的了解和服務態度為基礎，設定對客人的銷售策略，擬定計畫，另外就是考慮是由店長親自經營，還是請別人來經營。

常有人說這行是「人的事業」（people business），指的是在經營過程中，人力資源和顧客管理是最重要的一環。最後，對自己所要販售的產品具備充分的資訊和知識也是必需的，因為只有以這些為基礎，才能擬定吸引顧客上門消費的方針。

Q：Jubilee不僅有巧克力，還有蛋糕、咖啡、飲料等多樣化的商品，請問加盟的人可否在這些商品之外，增加其他的餐點呢？

A：我們提供基本型和進階型兩種加盟方式，提供加盟者選擇。基本型就如字面上的意思，是選擇基本的咖啡館形式經營，進階型則包含可以讓客人參加烹飪課程等的經營方式。

原則上，就是以巧克力、蛋糕、咖啡、飲料做為賣場的商品，也是營造店內氣氛的基本材料，所以不可以沒有經過總公司的同意就販售新產品，也不能在菜單上增加酒類或其他和Jubilee形象無關的餐點。

到目前為止，Jubilee還是以複合商店的形式經營，販售以Jubilee為主的商品，我們並沒有任何販售單品的專門店，不過我們有在考慮擴大營業，做外帶專門店，或是進駐小規模的百貨公司、賣場之類。

Q：經營Jubilee加盟店最重要的信念是什麼呢？

A：最重要的是顧客管理。讓客人對產品滿意，願意再次上門消費，這是我們認為最重要的一點，換句話說，這是不需要任何費用就可以讓客人再光顧的宣傳手法，利用店裏的產品達到向客人宣傳的目的。只要店長和工作人員妥善管理好產品，就能完成任務。

店內的清潔也相當重要。這點並不是指店內設備和室內裝潢需要做得多好、布置得多富麗堂皇,而是要做好衛生管理,讓商品永遠都保持得像剛出爐的一樣,才能營造出讓客人願意再度上門的氛圍。最後一點,就是要懂得透過與附近商家聯手的活動和宣傳,不斷在顧客管理上費心思才行。漂亮、美味、親切、乾淨是讓業績上升的關鍵。

Q:加盟Jubilee在經營上最大的優點是什麼?
A:我們的菜單和其他品牌的菜單差異很大,這是我們最大的優點,此外,內部的設備和室內裝潢當然也有相當大的差別。Jubilee多樣化的商品不但確保我們的客源穩定,同時我們還有一個優點,就是90%以上的物流都由總公司直提供,這麼做不僅可以確保收益和商品的新鮮度,還可以最快的速度針對客人的反應做出相對的改變;店長的滿意度和銷售額增加,都會對收益有很大的幫助。
此外,經營烹飪課程可以和客人互動,充分利用商店的機能性,也是我們的優點之一。

Q:加盟店成立之後,能夠從總公司得到哪些資源?
A:可以從總公司定期得到關於商店經營的諮詢服務、每一季的活動設計、持續開發的新商品,以及透過定期課程獲得資訊和管理方針等,不同的商店會得到不同的宣傳。
除了上述幾點之外,總公司定期和加盟店召開提升營收的會議和聚會,還會舉辦產品(新產品、提案產品)的試賣。根據店家周遭商圈變化進行資訊交流,像是提升銷售量等,總公司會在技術層面不斷提供加盟店相關的協助。

Q：能不能給想要加盟Jubilee的人一些建議？

A：相信總公司的競爭力和商品，雖然是加盟創業，但是店內的環境和商品的維護，都是店長的責任。顧客管理、衛生管理、商品管理等，都會因店長的努力有所不同，這些也都是客人所關心的。無論蓋得多好的房子，如果屋主疏於管理，也會產生許多問題。Jubilee總公司雖然有漂亮的房子和堅固的內部，但是還要靠店長的妥善管理，才能獲得更多的利潤。Jubilee提供優良的產品、與眾不同的服務、一流的顧客管理，加盟Jubilee絕對能夠得到最大的收益。

 準備要加盟的人最常提出的5個問題

1. 會提供商圈分析嗎？什麼樣的商圈比較好呢？

我們當然會提供。基本上可以指定想要創業的商圈，如果沒有特殊的想法，Jubilee也會推薦商圈。一個好的商圈是流動人口和住宅區適當混合的地段，這樣比較不會受到平日或週末假日的影響，住商混合大廈聚集的地方也是個不錯的選擇。

2. 需要準備多少投資金額？

假設是20坪的店面，包括加盟費用大約在1億2,000萬到1億5,000萬韓圜左右。

3. 收益率多少？

因商圈和據點（租金）有些不同，平均收益率大概在20%以上。

4. 物流是由總公司全數提供嗎？

90%以上由總公司提供，部分的冰淇淋和水果由外包廠商提供。

5. 要接受多久的課程？

簽約後會有一個月左右的室內裝潢時間，理論上要接受25天左右的實習課程訓練，才可以經營一家店。

STEP1 ⊙加盟者提問→加盟申請和商談

 ⊙店面搜尋和選定、商圈分析

第一輪的市場調查→透過商圈特色和創業可行性分析，決定開店與否
※店面搜尋會和店長進行協商

STEP2 ⊙最終協議和締結加盟契約

支持加盟店開設→租賃契約→締結加盟契約 簽約時間3年，在雙方沒有異議的情況下，可以不需任何費用自動延長1年

 ⊙支付加盟費用、保證金

加盟費用：1,000萬韓圜（依增值稅做調整）、履約保證金1,000萬韓圜（無增值稅）

 ⊙店面實測和平面設計、計算投資金額→進行室內裝潢工程（雙方協議）

需要30天左右的施工期（依據現場環境不同做調整）

STEP3 ⊙員工錄用

總公司和店主一起進行員工面試和錄用程序（名額部分則尊重店長的意願）

 ⊙職員課程

前往總公司指定的直營店接受21天的實習課程(一天8小時) 飲料製作和理論、服務課程等

 ⊙頒發各式證明

消防許可證、營業登記證（地方管轄政府衛生課）、事業自動登錄證（地方管轄政府稅務署民願室）、信用卡公司授權、衛生教育證、保健證、火災保險等

 ⊙正式開幕

器材入倉、開工試賣、貨品和備用貨品入倉、假開幕（彩排）

首爾 甜心 主廚的 浪漫巧克力課程

I Love Chocolate and Café

作　　者　曹美愛
翻　　譯　王品涵

發 行 人　程顯灝
總 編 輯　呂增娣
執行主編　李瓊絲
主　　編　鍾若琦
編　　輯　吳孟蓉・程郁庭・許雅眉
美術主編　潘大智
美術編輯　劉旻旻
行銷企劃　謝儀方
出 版 者　四塊玉文創有限公司

總 代 理　三友圖書有限公司
地　　址　106台北市安和路2段213號4樓
電　　話　(02) 2377-4155
傳　　真　(02) 2377-4355
E－mail　service@sanyau.com.tw
郵政劃撥　05844889 三友圖書有限公司

總 經 銷　大和書報圖書股份有限公司
地　　址　新北市新莊區五工五路2號
電　　話　(02) 3990-0036
傳　　真　(02) 2299-7900

初　　版　2014年 2月
定　　價　320元
ＩＳＢＮ 978-986-90325-0-6

© 版權所有・翻印必究
　　書若有破損缺頁 請寄回本社更換

國家圖書館出版品預行編目(CIP)資料

首爾甜心主廚的浪漫巧克力課程 / 曹美愛
著；王品涵譯．-- 初版．-- 臺北市：四塊玉
文創, 2014.02
　面；　公分
ISBN 978-986-90325-0-6(平裝)

1.點心食譜 2.巧克力

　　　　　427.16　　　103000267